分布式水文模型
应用与实践

李 丽　王加虎　金 鑫　著

中国海洋大学出版社
·青岛·

图书在版编目(CIP)数据

分布式水文模型应用与实践/李丽，王加虎，金鑫著.—青岛:中国海洋大学出版社,2018.12

ISBN 978-7-5670-1855-6

Ⅰ.①分… Ⅱ.①李… ②王… ③金… Ⅲ.①水文模型—研究 Ⅳ.①P334

中国版本图书馆 CIP 数据核字(2018)第 301206 号

分布式水文模型应用与实践

出版发行	中国海洋大学出版社
社　　址	青岛市香港东路 23 号　**邮政编码**　266071
网　　址	http://pub.ouc.edu.cn
出 版 人	杨立敏
责任编辑	孙宇菲
订购电话	0532-82032573(传真)
印　　刷	三河市铭浩彩色印装有限公司
版　　次	2019 年 9 月第 1 版
印　　次	2019 年 9 月第 1 次印刷
开　　本	170 mm×240 mm
印　　张	13.25
字　　数	237 千
印　　数	1—1000
定　　价	48.00 元

如发现印装质量问题，请致电 010-82540188，由印刷厂负责调换。

前　言

空间化的建模结构、分布式的资料输入方式以及对水文循环的空间描述等，使得分布式水文模型具有广阔的应用空间和前景，从传统的洪水预报预警、地下水、生态模拟、水资源管理到与新技术密切相关的水文气候耦合、变化环境研究等，都涉及分布式水文模型。然而，分布式水文模型往往需要大量精确的数据作为支撑，其率定和应用也较耗时耗力，使其应用受到了较大的限制。

本书为作者多年从事分布式水文模型应用与系统研发过程中所积累的一些研究成果总结，研究内容涉及分布式水文模型的参数优选、初值设定、敏感区识别、土壤墒情、水情预报和产输沙模拟。另外，范正行高工、刘淼工程师、冯艳高工、张磊磊高工、陈明霞硕士等也参与了本书的部分研究和编写工作。感谢郝振纯教授、王振龙教授等在研究工作中的指导和帮助。

全书共分 10 章，第 1、2 章主要介绍分布式水文模型的框架剖析和应用概述；第 3 章介绍了一种参数优选算法——变域递减随机搜索算法；第 4 章介绍了一种分布式土壤含水量初值的设定方法；第 5、6 章介绍了水文敏感区及 **TOPMODEL** 在水文敏感区识别中的应用；第 7、8 章分别介绍了平原区和丘陵区分布式土壤墒情模型；第 9 章介绍了一个用于流域洪水预报的分布式水文模型系统；第 10 章介绍了一个分布式产输沙模型。

本书也是多年来课题组研究项目的成果积累，包括国家自然科学基金项目“防洪拦、滞、蓄工程群水文效应的分布式模拟研究”（编号：41271042），国家自然科学基金项目“土壤水蚀过程中的重力侵蚀模拟研究”（编号：51369009），国家自然科学基金青年基金“分布式水文模拟中的尺度问题及其不确定性影响研究”（编号：40801012），国家重点研发计划项目“多尺度水文水资源预报预测预警关键技术及应用研究”（编号：2016**YFC**0402704），国家自然科学基金青年基金“青藏高原江河源区气候变化及水文响应模拟研究”（编号：41501039）等。

本书的出版得到了中国电力建设股份有限公司科技项目“大流域梯级水库群基于陆气耦合模式的分布式水文预报系统研究”（编号：**DJ-ZDZX-**

2016-02-03)的资助。

由于作者水平有限,书中还存在着不完善和需要改进的地方希望与国内外水文学界的专家学者共同探讨,恳请读者批评指正,以便更好地完善和进步。

作　者

2018 年 9 月

目　录

第1章 剖析分布式水文模型

1.1 整体认识

分布式水文模型用于小尺度水文过程的模拟已有20多年的历史，其中具有代表性的分布式水文模型是SHE与MIKE SHE模型，目前有一些水文学者在很小流域的研究中应用这种分布式水文模型，但是尚不够广泛。国内对分布式水文模型的研究起步较晚，相关研究尚处于开发阶段。就目前的进展情况而言，学术界对分布式水文模型的研究有一些共识。

1)传统的水文模型种类很多，但绝大多数模型属集总式水文模型，不能很好地反映水文水资源要素在空间上的变化。这种变化不仅受自然条件本身空间变异性(如气象气候、地质地貌和土壤植被等)的影响，而且受经济社会发展(工农业用水、城市化与土地覆盖及土地利用等)的人类活动的影响，后者在空间上也是不均匀的。在这种情况下，为了识别这种空间变化的影响，过去的集总式水文模型则转向分割较大且流域更小的(如流域的支流流域)的模拟方法，这种方法可视为是一种半分布式的水文模型，而完全分布式的水文模型则是具有更高分辨率的网格式模型，它能更好地反映水文水资源形成、演化的空间变异的影响，深化流域水文水资源的物理过程的研究。

2)分布式水文模型之所以成为当前水文水资源研究的热点，在于它具有更多的时空模拟功能平台的作用，能够把单一水量变化的模拟转向更加广泛的水文分析与水资源管理(包括生态环境)问题的模拟，大大拓宽了模拟领域，如地表水与地下水转化计算、水资源数量和质量的联合评价、非点源污染、土壤侵蚀与水土流失、洪水预报预警、土地覆盖与土地利用影响、生态需水、水生生物与生态系统修复、农业灌溉与城市工业用水，以及通过网格式的尺度转换与大气环流模式耦合，计算与预测全球变化对水文水资源的影响，从而纳入全球变化研究的前沿。由此可见，分布式水文模型理论上的基础性和应用上的广泛性及重要性。

3)与采用基于经验与黑箱方法的集总式水文模型相比较,分布式水文模型在理论上的深化与应用上的广阔前景,显示了其优越性。但是理论上的深化却带来了应用上的难度,主要是理论上所需要的资料与数据非常多,而且精度要求很高,往往超出了目前常规水文要素观测的内容与精度,同时大量参数的累积误差往往会降低模拟精度。这是当前分布式水文模型的一个难题,也限制了分布式水文模型的广泛应用,特别是用于较大流域尚属罕见。从严格的分布式水文物理模型来看,应持理性的态度,但是将系统水文学方法与物理水文学方法结合的分布式水文模型,却是一个值得探索的途径。同时,必须指出,采用适应性(指资料限制)方法攻破难题,灵活地运用分布式水文模型的理论框架与概念,发展具有实用性的分布式水文水资源模型是务实之举。

4)在现行的分布式水文模型研究中,水库等人类活动影响和 DEM 的分辨率问题没有被充分地考虑。这两个问题在以洪水模拟和水资源分析为主要目的的分布式水文模型中尤为重要。在河道上修建水库等拦蓄水工程后,水库的淹没区形成了水面,加大了水深和水面面积,汇流条件与建库前的河道汇流相比有了很大的不同,当河道的洪水通过水库时,其过程不仅受水库天然调节的影响,还会受到人为的控制,因此,必须将水库水体作为单独的子流域处理。大量的研究表明,DEM 的分辨率对提取河网的精确性有影响,平原区水流流向的不确定性与 DEM 的分辨率密切相关,局部需要进行人工修正,且不同分辨率的 DEM 提取的流域参数也有差别,面积、长度等有关参数差别不大,但坡度值变化明显。因此,构建分布式水文模型时,需要根据具体情况慎重选取 DEM 数据源。如在结合黄河流域的水文模拟研究中,强调流域自然水循环与人类活动修建水库以及淤地坝的影响的耦合问题,强调水文尺度分析,选择合理的 DEM 分辨率。这方面的研究属自然和人工多种影响作用下的流域水循环研究,是当前国际水科学前沿“变化环境下水循环与水安全研究”中的一个重要方面,其中的关键是如何定量描述不同尺度人类活动对水资源形成过程的影响,除了水文模拟之外,最为重要的是在实地开展水文实验与观测。我国在这一方面正处于探索和发展过程中。

5)水文要素的空间分布信息是流域水文分布式模拟最基本的要求。在当前的观测条件下,水文气象要素(如降水、气温等)都是在特定的观测点上完成的。因此,基于现实观测数据的分布式水文模拟的一个重要的步骤就是依据这些点上的观测信息通过插值而获得面上的信息。插值技术研究的深入固然能改善分布式水文模拟,但更为重要的是观测技术的发展将更强有力地推动分布式水文模型的发展和应用。当前,应用雷达测雨技术获得面上的雨量资料已逐步发展和成熟。可以预料，应用遥感技术获得资料，把遥感和分布式水文模型相耦合将成为今后发展的一个重要方向。

分布式水文模型发展至今，其面临的问题具有明显的时代技术特征。20世纪70～80年代，分布式水文模型的发展主要受到计算机发展水平的限制，进入90年代以后，计算机迅速发展，计算能力已经不是分布式水文模型发展的瓶颈，而对水文系统的深刻认识、复杂系统建模和多学科交叉等问题成为分布式水文建模必须面对的又一难点。

1.2　建模基础

GIS和RS为水文模拟提供了新的研究思路和技术方法，如ARC/EGMO[1]、SWAT[2]、DPHM-RS[3]等。遥感数据（航空照片和卫星影像）能够提供流域空间的特征信息，是描述流域水文变异性的最可行方法，尤其是在地面观测缺乏的地区。在分布式水文建模中，遥感数据的应用可以归纳为[4]：作为模型输入数据和用作模型参数估计。具体有7个方面：①降水强度观测以及空间格局；②蒸散发计算和土壤湿度反演；③雪被覆盖面积；④地下水埋深；⑤土地覆盖与土地利用分类；⑥水体特征；⑦植被参数提取。相比于GIS，遥感技术在分布式水文模型中的应用水平比较低，其原因主要是：①遥感数据空间分辨率和时间分辨率的矛盾，即空间分辨率较高的数据，其时间分辨率较低，反之亦然，这就限制了遥感数据的应用；②缺乏普遍可用的从遥感数据中提取水文变量的方法；③缺乏必要的教育与技术培训。[5]

1958年麻省理工学院Miller和Laflamme首次提出了数字地面模型（Digital Terrain Model，DTM）的概念。DTM是利用一个任意坐标场中的大量选择且已知的X、Y、Z坐标点对连续地面的一个简单的统计表示，其本质属性是二维地理空间定位和数字表达。若DTM所描述的地面特性是高程Z，此时DTM称作数字高程模型DEM。DTM/DEM的出现为数字水文学的发展和数字水文模型的诞生提供了坚实的技术基础[6]。

模块化结构的水文模型潜力最大，其中基于DEM的分布式水文模型在研究人类活动和自然环境变化对流域水文循环时空过程的影响、区域水资源生成与演变规律方面，具有独特的优势，是现代水文水资源研究的理想工具，被认为是未来水文模型发展的主要方向。

基于DEM的分布式水文模型，通过DEM可提取大量的陆地表面形态信息，这些信息包含流域网格单元的坡度、坡向以及单元之间的关系等[7,8]。同时，根据一定的算法可以确定出地表水流路径、河流网络和流域的边界。在基于DEM所划分的流域单元上建立水文模型，模拟流域单元内土壤-植被-大气（Soil Vegetation Atmosphere Transfer，SVAT）系统中水的运动，并考虑单元之间水平方向的联系，进行地表水和地下水的演算。

概括起来，基于DEM的分布式水文模型具有以下特色：①具有物理基础，能够描述水文循环的时空变化过程；②由于其分布式特点，能够与GCM嵌套，研究自然变化和气候变化对水文循环的影响；③同RS和GIS相结合，能够及时地模拟出人类活动或下垫面因素的变化对流域水文循环过程的影响。

目前，DEM主要有3种格式：栅格型、不规则三角网（TIN）和等高线，3种数据格式在GIS软件中可互相转化。其中在水文模型中用得较多的是栅格DEM。基于栅格DEM的分布式水文模型主要有两种建模方式：①应用数值分析来建立相邻网格单元之间的时空关系，如SHE模型等。该类模型水文物理动力学机制突出，也是人们常指的具有物理基础的分布式水文模型。但它结构比较复杂、计算烦琐，当前还很难适用于较大的流域。②每一个网格单元（或子流域）上应用传统的概念性模型来推求净雨，再进行汇流演算，最后求得出口断面流量，如SWAT模型等。该类模型结构与计算过程都比较简单，比较适用于较大的流域。

1.3 模型结构

模型是对复杂客观实体的概化与逼近。由于水文现象的复杂性，受测量技术的限制，一些水文过程和边界条件并不明确。因此，常用的分布式水文模型都有一定的假设：①最小水文计算单元的地表面为具有一定坡度的坡面，单元流域的土层厚度和土壤的特性假定具有均一性；②单元流域的产流量（包括地表径流、壤中流和地下径流）全部经过河道进入下一个单元流域，即单元流域只有一个水流出口，不同单元流域的地下水相互独立，仅通过地表水系统相互作用；③若单元流域内存在水库，假定水库位于单元流域的出口处，并作为一个独立的对象；④若考虑灌溉影响时，灌溉用水量平均分配到单元流域上，并按相同深度的降雨进行处理。以上假设基于单元流域或网格的一致性，为基本假设。另外，分布式水文模型力图在水文物理描述基础上，吸收水文系统理论的优点，合理处理水文资料不足对分布式水文模拟带来的困难和不确定性。在具体水文过程的模拟上，不同的模型还存在各自特定的假设。

分布式水文模型的结构，一方面取决于建模目的或模型的用途，面向洪水预报和面向水资源管理的模型在结构与参数上、时空尺度上具有很大的差异性；另一方面取决于建模方式与流域离散化方法。目前，分布式水文模型尚无一个完善的统一模式，其原因在于水文循环过程的复杂性和流域下垫面条件的复杂性。关于水文过程复杂性，一种解决的途径就是抓住水文循环的区域特征，并找到关键的水文过程（Hydrological Dominant Processes），从而简化水文模型。事实上，新安江模型对湿润地区降雨下渗过程的简化就是一个典型的关键过程概念（Dominant Process Concept）的应用[9]。但在半干旱和半湿润地区，土壤-植物-大气系统中的水分转换过程是关键，特别是对植物生态耗水和农业水资源消耗而言。关于流域下垫面的复杂性，目前已经有许多成功的尝试，如 TOPMODEL 中采用的地形参数、GBHM模型中采用的地貌参数，以及地貌分形理论的应用等。

分布式水文模型虽然有不同的建模目的和方式，可以采用不同的流域离散化方法，但模型的基本结构却大同小异。模型所涉及的水文物理过程主要包括降水、植被截留、蒸散发、融雪、下渗、地表径流和地下径流，各部分的联系如图 1-1 所示。

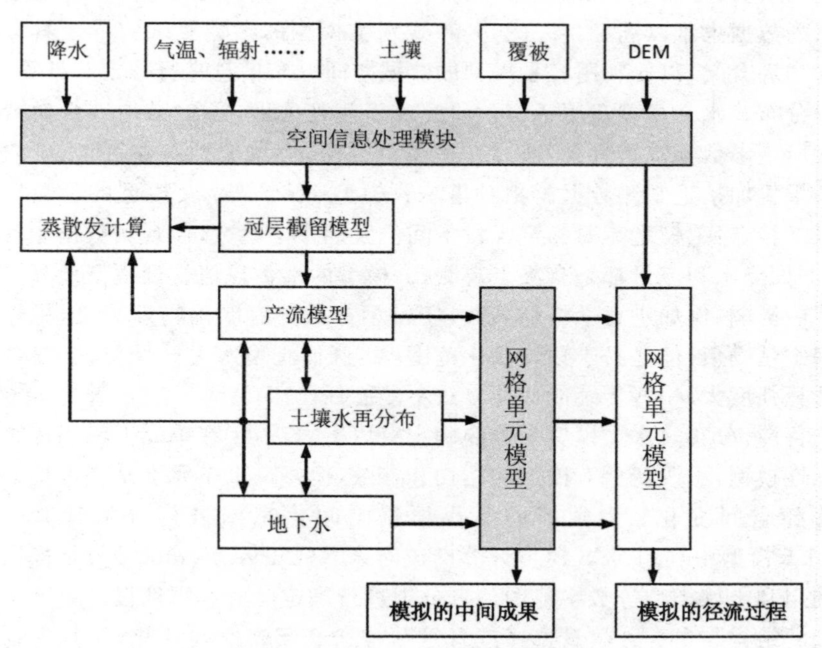

图 1-1　分布式水文模型的通用结构

分布式水文模型按照系统内部功能的聚集程度，可以划分成功能相对独立的子系统，每一个子系统实现了对水文循环某一环节的数学描述。分布式水文模型的通用功能模块有：①一维降水冠层截留模型；②一维辐射传输模型；③一维蒸散发模型；④一维融雪模型；⑤一维包气带水分垂向运移模型；⑥一维河流/渠道模型；⑦二维表面漫流模型；⑧二维饱和壤中流/地下水模型等。如果模型考虑水质和土壤侵蚀问题，还应包括：①一维包气带内溶质运移和化学反应过程模型；②三维饱和带内溶质运移和化学反应过程模型；③土壤侵蚀和沉积物运移模型等。分布式水文模型通过上述子系统描述水文过程的各个重要环节，如融雪过程、冠层截留、蒸散发、地表漫流、渠道汇流、不饱和与饱和土壤水分运动等。

1.4 参数确定

与传统集总式水文模型不同，分布式水文模型的参数是一个反映流域下垫面和气象因素空间变化的数集。传统集总式水文模型的参数一般是通过历史系列数据进行优化率定。显然，用传统最优化方法率定分布式水文模型的参数，在数学上很难通过。而且，受测量技术的限制，所需的足够历史系列数据也难以满足。因此，分布式水文模型的参数要求应尽量具有明确的物理含义，以便利用容易得到的流域空间分布信息进行确定和计算。

分布式水文模型在用于科学研究或者生产实践之前，必须进行参数标定。所谓参数标定指的是，通过在适当范围内，调整模型参数，使模型的预测结果更加接近观测数据。相对集总式模型，分布式水文模型的参数标定有以下特点：①模型需要标定大量空间位置的多个参数，而观测数据非常有限，例如降水和流量都是有限点观测；②模型的参数取值受到模型计算单元尺寸的影响，例如水力学粗糙系数；③模型参数具有明确物理意义，尽管难于确定精确值，但是易于估计变化范围[10]，例如土壤水力学性质；④参数优化计算强度大，一些传统的优化方法不能胜任。

目前，分布式水文模型参数的确定有以下方法：①在单元上采用传统的概念性模型，不改变原有模型的结构和参数，但每一个单元上水文模型的参数值随空间变化。参数值的大小根据空间信息图进行分类计算。如SWAT模型中利用SCS模型计算产流时，CN(Curve Number)值是根据土地利用和土壤类型等数字地图信息分类进行确定的。②重新设计单元水文模型的结构与参数。尽量选择或者重新构造既反映空间变化，又具有物理意义，且便于计算的指标作为模型的参数。如TOPMODEL提出了一个能够反映流域下垫面空间变化的地形指数，并利用DEM计算地形指数，根据地形指数分类进行产流计算。③将原有模型的参数同易于获取的空间指标（主要是通过 RS 图像或者 DEM 提取的空间指标）建立起某种对应关系（一般是统计关系），从而得到分布式水文模型的参数计算方法。如计算冠层截留和蒸散发时需要 LAI（Leaf Area Index）的空间分布信息，而 LAI 与 NDVI（Normalized Difference Vegetation Index）具有简单的对应关系，很容易通过 RS 手段得到。如姜红梅等[11]将遥感技术和模型参数率定结合起来进行洪水模拟。

模型参数率定与验证需区分自然变化（如气候变化）与人为活动（土地利用、耕作方式、引水工程等）的影响结果。对于短期水文影响研究，由于气候变化不明显，可以忽略不计，但对于长期水文影响研究，需考虑气候变化的影响，进一步探讨土地利用变化对水文的影响的贡献率。近年的研究已考虑到了气候变化与土地利用变化对水文影响的定性比较[12]，缺乏定量化的分析。国内的曾涛等[13]利用分布式水文模型，研究出山西省近 40 年来的径流衰减量中，气候因素与下垫面变化的贡献比约为 4∶6。陈军锋等[14]选择了长江上游的一个中等流域，分析其 40 年来的气候波动以及土地覆被变化情况，得出由于气候波动造成的径流的变化占 3/5～4/5，由于土地覆被变化所造成的径流的变化占 1/5。

目前，集总式水文模型参数标定的研究和讨论已经相当丰富，但针对分布式水文模型标定方法的研究，尚处在起步阶段[15]。分布式水文模型明确的物理意义和微分方程日益广泛地应用，使得其参数标定研究可以借鉴大气模型的已有工作成果，伴随模型方法、自动微分理论以及 Kalman 滤波方法已经用于分布式水文模型的参数率定和实时更新。伴随模型是描述水文过程的微分方程在已有数据集上的反向表达，并受一定优化条件限制。Vieuxetal[16]曾经应用伴随方法，计算成本函数的梯度来优化分布式水文模型的参数，取得了很好效果。

1.5　单元划分

在传统集总式水文模型中，往往忽略或以简单的蓄水容量曲线（或下渗容量曲线）来反映流域下垫面（如地形、土壤、植被覆盖等）的空间变异性，而几乎不考虑气象因素（如降水、气温、辐射等）的空间分布对流域水文循环的影响。在现代分布式水文模型中，对流域下垫面和气象因素的空间变异性的响应，一般是通过将流域离散成若干子单元（子单元也可进一步细分）的方式进行。目前，基于 DEM 的流域离散化方法主要有 3 种：网格、山坡和子流域。

1)基于栅格 DEM 将研究区域(或流域)划分为若干个大小相同的矩形网格,是分布式水文模型比较常见的做法。该种划分方法视研究区的不同,又可细分为两类:一类是对于较小的实验场或小流域(如几百平方千米以内),直接用 DEM 网格划分。每个网格的大小一般为 30m×30m、50m×50m 等。该类方法在一些小流域分布式水文物理模型(如 SHE 模型等)中比较流行。另一类是针对几十万到几百万平方千米的大流域,如一些大尺度的分布式水文模型,通常将研究区划分为 1km×1km 或更大的网格。每个网格单元根据 DEM 分辨率和模型精度要求,又可分为更小的网格。

2)将分布式水文模型的最小计算单元落脚于一个矩形坡面,是分布式水文模型中关于流域离散的又一种常用方法。首先,根据 DEM 进行河网和子流域的提取。然后,基于等流时线的概念,将子流域分为若干条汇流网带。在每一个汇流网带上,围绕河道划分出若干个矩形坡面。在每个矩形坡面上,根据山坡水文学原理建立单元水文模型,进行坡面产汇流计算。最后,进行河网汇流演算。

3)基于 DEM 能够自动、快速地进行河网的提取和子流域的划分。将研究流域按自然子流域的形状进行离散,划分为下垫面特征相对均匀的子流域,这些子流域再与干流河道相联结。把子流域作为分布式水文模型的计算单元,其最大好处是单元内和单元之间的水文过程十分清晰,而且单元水文模型很容易引进传统水文模型,从而简化计算,缩短模型开发时间。当然子流域还可以根据需要进行第二级的划分。

4)水文单元划分不局限上述 3 种情况,也可以是它们的组合,如子流域和网格相结合等。在流域离散时,还有其他单元划分方法、典型单元面积 REA(Respresentative Elemental Area)、水文响应单元 HRU(Hydrological Response Unit)、分组响应单元 GRU(Grouped Response Unit)、聚集模拟单元 ASA(Aggregated Simulation Area)、水文相似单元 HSU(Hydrological Similar Unit)等。

1.6 算法实现

黑箱模型、概念模型和物理模型分别代表确定性水文模型的不同发展阶段。黑箱模型基于传输函数,几乎没有任何物理意义;概念模型处于完全物理描述和经验式黑箱分析的中间位置;基于物理的水文模型建立在人们对控制流域响应的水文过程的物理认识的基础上。由于流域的水文异质性，物理模型必须对流域进行离散化，使得模型计算单元内的水文性质满足物理学的均一性要求，因而，物理模型是空间分布式的模型。分布式物理模型能够模拟整个径流过程，可以预测多个水文变量（如径流量、土壤含水量以及蒸散发等）的时空格局。在分布式模型中，物质、能量和动量的传输直接应用控制微分方程描述，例如应用 St. Venant 方程描述坡面漫流、应用 Richard 方程描述包气带水分运移以及应用 Boussinesq 方程描述地下水流运动。分布式模型中的偏微分方程多采用数值解，如有限单元法和有限差分法。因此，相比于集总式概念模型，分布式模型需要更多的计算时间和性能更好的计算机。

从程序实现的角度，分布式水文模型的结构可以分解为计算单元上的一维通量过程和计算单元的能量、物质空间集总过程。一维通量过程包括功能结构划分中的各个一维模型，即在计算单元上，分布式水文模型要实现降水截留计算、蒸散发计算、边界层短波辐射传输以及长波辐射计算、降水下渗计算和产流计算。在计算单元空间集总过程中，要实现功能模块中的二维和三维模型，如表面漫流模拟、饱和带土壤水/地下水运移模拟，如果模型涉及水质问题，还需要模拟空间上溶质和沉积物的运移。模型单元的计算结果通过空间集总，最终通过一维河流/渠道模型，给出流域出口断面的流量。分布式水文模型的功能结构通过子程序设计实现，其程序结构通过多重循环实现，模型单元的计算过程位于多重循环的最里层。

基于 DEM 的分布式水文模型在程序上一般分为三大部分：①分布式输入模块，用于处理流域空间分布信息，为水文模块提供空间输入数据和确定模型参数的信息，也是同 RS 和 GIS 相连接的接口部分。目前，降水、气温和辐射等分布信息主要通过空间插值模型来获得。有关土壤和植被的分布数据主要利用遥感技术获得。②单元水文模型，是坡面产汇流计算的核心部分。在第一类分布式水文模型中，一般基于网格单元建立水力学模型，采用简化的圣维南方程组进行网格单元汇流计算。在第二类分布式水文模型中，一般采用水文学方法建立概念性模型，产流计算可以采用经验方法或下渗公式；汇流计算一般采用等流时线、单位线或地貌学方法[17]。③河网汇流模型。有些基于网格的分布式水文模型忽略了该部分。河网汇流演算一般采用动力波方法和类似马斯京根方法。

1.7　资料及其他

松散耦合型和半分布式模型相对而言结构简单，在集总式模型的基础上进行改造就可以实现，相对要容易得多，目前的应用也比较广泛。紧密耦合的分布式模型水文物理动力学机制突出，但结构复杂、计算烦琐，所需要的资料种类较多，并且对于数据的处理也有较高的要求，当前还很难适用于较大的流域。但并不能否认这种理论清晰，对水文响应机制有着客观全面描述的分布式模型将成为未来发展的必然。

数学物理模型具有严密的物理概念与数学公式。当条件具备时，用这种方法能得到很好的效果。最近几年随着 GIS 的应用，开始考虑下垫面不均匀性对模型参数的影响，在水文模拟中采用了分布式参数，但水文模型的物理过程仍然薄弱，未能充分反映气候、植被、雪盖、土壤、水文相互作用和相互反馈的机理，尚未实现水文过程的动力模拟[18,19]。由于这是以数学物理方法对水文现象进行模拟的模型，需要水文现象较单纯、边界条件简单易定、资料较充足可靠。若达不到这种要求，模型的优越性就显示不出来。

Beven[20]将分布式水文模型面临的问题归纳为 5 个方面：非线性问题、尺度问题、唯一性问题、等效性问题和不确定性问题，其中，前两个问题在水文学机理认识方面，表现最为突出。此外，多学科建模人员的有效组织和交叉是制约分布式水文模型发展的重要因素。非线性问题是分布式水文建模所面临的大部分问题的核心。水文系统是非线性系统，所有分布式水文模型都会涉及描述非线性水文过程，例如描述分布式水文模型计算单元内的产流过程，不管是应用 Richard 方程还是 SCS 曲线数方法，都属于非线性方程。分布式水文模型的物理特征之一就是其参数可以通过实地测量获得，然而测量结果仅仅是点尺度上的参数特征，将这样的实测参数直接应用到模型计算单元（具有一定的形状和面积）必然会产生误差。Reggiani 等[21]曾试图在子流域以及亚网格尺度上直接应用物质、能量和动量守恒方程描述水文过程以解决这类参数化问题，但是没有成功。非线性问题的另外一个方面是非线性系统对模型的初始条件和边界条件非常敏感，而且在分布式水文模型中难以确定这两个条件。

针对分布式模型尺度问题，目前存在着两种不同的观点，Beven[22]认为尺度问题最终将被证明是不可解决的，必须接受分布式水文模型的尺度依赖性；Blöschl[23]认为尺度问题正在逐步被解决，而且将来必然在水文学理论和实践中取得重要进展。需要选择适当时间、空间尺度的水文（洪水）模拟模型。水文变量尺度转换问题需通过研究不同尺度上水文过程的统计自相似性问题、利用分形理论定量描述时空尺度函数的变异率等途径来解决。大流域由于不同的土地利用、地质地貌、土壤类型，这种空间变异性与降雨模式的时空差异，往往减弱了整个流域的水文响应，造成“中和效应”。Qian[24]未能检测出中国的一个大流域（727km^2）森林面积减少 30％的河川流量变化。泰国的 Nam Pong 流域(12100km^2)近 30 年森林覆盖率从 80%降至 27%,也有类似的结果[25]。

此外,区域水文模型的使用,必须考虑模型的适应性,进行相对的不确定性分析[26]。必须进行系统、综合的不确定性分析,如 Eckhardt 等[27]采用 Monte Carlo 模拟法测定不同土地覆被下的模型响应的不确定度,对模型响应概率进行显著性检验,从而评价模型是否适于土地利用变化水文效应研究。

第2章　分布式水文模型应用概述

如上所述，分布式水文模型因其特殊的建模结构、分布式的资料输入方式以及对水文循环的空间描述能力而具有广阔的应用空间和前景。其应用范围包括从传统的洪水预报预警、地下水、生态模拟、水资源管理到与新技术密切相关的水文气候耦合、变化环境研究等。如 MIKE SHE 模型，其水流运动模块由多个独立子模块构成并可根据气候和下垫面条件灵活地组合，从而使模型的可应用领域更为多元化，其应用领域包括区域水文模拟、地下水文分析和水资源量评估、降雨径流模拟、洪水预报等方面[28]。然而，分布式水文模型也有其自身的局限性，往往需要大量精确参数与数据进行支撑，其率定和应用也较耗时耗力，使其应用受到了较大的限制。目前，分布式水文模型的应用主要包括以下几个方面。

2.1　洪水预报预警

洪水预报技术的研究是一个跨学科的交叉研究领域。在长久以来的洪水预报研究和实践中，已经存在着一套行之有效的实时洪水预报方法。例如，在流域产汇流方面，有降雨径流经验相关图、单位线等；在河道洪水预报方面，有上下游相关关系、马斯京根法等。在传统的洪水预报，尤其是流域产汇流预报中，多采用上述集总式方法。然而，随着人们对流域水文过程的深入研究和信息采集技术的快速发展，分布式水文模型因其对降雨和下垫面时空分布的考虑，能对水文因子的空间分布进行模拟，进而成为新的研究热点。前者有望提高洪水预报的精度和预见期，尤其对较大流域暴雨中心的把握具有相当的优势；而后者则扩展了洪水预报的成果，不仅仅能得到流域出口断面的洪水过程，还可以通过输出流域内任意点的径流过程进行洪水预警、淹没区预警等工作。时至今日，很多流域的水文预报都采用了分布式水文模型，并取得了不错的结果[29]。

目前，分布式水文模型在洪水预警预报领域的利用，除了常规的河流断面洪水预报之外，在山洪灾害预警预报和利用数值天气预报等手段方面也有了长足的进展。

山洪灾害是降雨、自然地理和人类活动共同作用的结果。在山洪灾害预警中，可以充分利用GIS等手段实时动态监测流域降雨径流情况，及时有效预警，减少山洪灾害损失。郭良等[30]将地貌单位线和河道洪水演算参数融入HEC-HMS中，应用在河南省无资料中小流域暴雨洪水计算中。包红军等[31]利用分布式混合产流模型(GMKHM)和分布式新安江模型进行了汛期嘉陵江乔庄河支流的山洪预报试验，结果显示，分布式模型能够满足模拟需要，但由于产流方式的不同，对洪峰等细节上的模拟会有所差异。

随着气象现代化建设的不断推进和发展，气象观测能力明显增强，数值预报预测能力逐步完善[32]。雷达测雨和模式预报降水的发展，为分布式水文模型提供了有效的降雨空间分布的输入，可通过与分布式水文模型的耦合，增长洪水预报的预见期，更好地把握降雨场的时空变化对洪水过程的影响。除此之外，还有利用数学模型建立流域降水量与空间位置的关系，确定流域降水的空间分布，进而与分布式水文模型耦合，为暴雨分析和洪水预报提供服务[33]。

水文气象耦合包括单向耦合和双向耦合两种，前者多应用于水文预报和水资源管理及开发利用方面；后者则主要应用于数值天气预报模式中陆面模式的改进和完善。其中，延长水文预报的预见期、提高水文预报的精度则是气象水文单向耦合的主要研究内容之一。分布式水文模型具有分布式的参数和输入输出数据，能够充分利用雷达、卫星等遥感资料对流域和降水信息的空间表述，也能够对流域水文过程的时空演变进行更详细的描述。

然而，由于时空间尺度、模型各自侧重点不同，气象水文耦合能否成功预报洪水，并取得更高的精度，尚存在很多不确定性[34]，如定量降水预报的精度、分布式水文模型本身的合理性和预报精度，以及二者耦合方式和余量的处理等。刘慧敏[35]以SWAT模型为工具，利用世界气象组织(WMO)发布的欧洲中期天气预报中心(ECMWF)的降雨集合预报数据，对洪安涧河流域进行了10d的径流预报，结果显示：该方法用于中短期洪水预报时，其关键还在于降雨预报的精度。

分布式水文模型对水文过程描述得更详细更复杂，恰恰成了限制它广泛应用于洪水预报业务的掣肘。过于精细的模型运转需求使得输入资料的类型、精度，往往难以满足要求；同时，分布式模型本身对水文过程的描述也存在着较大的误差和不确定性。因此，在近些年分布式水文模型的应用尝试中，不再一味地追求精细，更多地是对部分水文过程进行概化，扬长避短。

2.2 地下水数值模拟

分布式水文模型可以充分考虑下垫面的空间分布不均匀性，因而在地下水数值模拟中也有一定的应用空间。如吴文强等[36]利用具有分布式概念的 HEC -HMS 水文模型模拟山区降雨径流过程，为平原区的地下水数值模拟提供山前侧向入渗补给和河道入渗补给，实现分布式水文模型与地下水数值模拟的单向耦合，提高了地下水数值模拟的精度。李磊等[37]建立了一个基于网格、考虑地表水-地下水转换的分布式水文模型 GISMOD，该模型不但体现流域的空间异质性，而且根据水位流量关系式对地表水与地下水的转换量进行计算。

2.3 生态模拟

分布式水文模型在全流域任意点水文特征可输出的特性，使得分布式水文模型与生态、农业、土壤侵蚀等相结合，取得了一定的研究进展。相关的模型有 TOPOG 生态水文模型、SWAT 模型等。分布式生态水文模型 TOPOG 是基于生态水文过程机理的小流域分布式生态水文模型，根据等高线和流域边界将流域划分为不规则的基本单元，同时考虑了林冠截持、植物蒸腾、土壤蒸发、入渗、地表径流、壤中流、植物生长等生态水文过程，同步模拟植被与水的相互关系[38]。张荔等[39]将分布式水文模型Geomorphology-based Hydrological Model(GBHM)与一维对流扩散水质模型相结合，对渭河流域陕西片的日径流过程和主要水质指标进行了模拟分析，结果表明，分布式水文模型与水质模型在渭河流域的耦合应用取得了良好的模拟效果。柏慕琛[40]利用分布式水文模型 MIKE-SHE 对汉江流域的流域生态需水量进行了研究。相关研究表明，分布式水文模型在生态模拟方面，具有应用价值。

2.4 农田水利

分布式水文模型可以根据下垫面/作物种类的不同对土壤水过程进行

模拟，对农田作物用水及产量进行更细化的研究，并制定相应政策。如李明星等[41]利用 SWAT 型模拟不同深度的土壤含水量，并与作物模型连接模拟陕西省冬小麦的产量，结果表明，利用分布式水文模型连接作物模型模拟的结果优于作物模型独立模拟的结果，且高产区、低产区的空间分布也与实际基本符合，证明分布式水文模型在改进作物模型和作物产量预报方面具有显著的效果；潘登等[42,43]利用 SWAT 模型拟合冬小麦和夏玉米的水分生产函数，研究了山东省徒骇马颊河流域的优化灌溉方案；赵宏臻等[44]利用 GIS 技术、结合流域水文地质图和土壤分布图，构建了淮北平原分布式除涝水文模型；孟春红等[45]在二元水循环理论的指导下，对分布式水文模型 SWAT 模型的灌溉水运动、稻田水分循环、稻田水量平衡各要素和产量模拟的计算方法进行了改进，使其更适合灌区水分循环的模拟。

2.5　城市雨洪

19 世纪 90 年代，Kuichling 把推理公式应用于城市排水设计[46]，但是，推理公式法不会对流量过程线进行计算，因而不能满足复杂情况下城市防洪要求。随后，单位线法、等流时线法等几种方法的提出在一定程度上使得推理公式法的不足得到了弥补。20 世纪 50 年代，芝加哥工程局做了关于雨水管道设计的水文过程线研究，成为最早能计算城市雨水流量过程线的机构，他们所研究的模型名为 CHM 模型。20 世纪 60 年代开始，二维水力学模拟方法慢慢替代了物理概念较模糊的其他模拟方法[47]。早期的经验性模型虽然在水文模型缺乏的情况下解决了一些实际问题，为水文预报等工作提供科学的依据，但因为其物理及数学基础不够强大，很难达到一定的精度。

随着时代的发展，经验性模型已经不能满足对雨洪模拟的需要，分布式概念性模型开始被广泛应用，分布式概念性模型的建模方式一般采用分布式结构，其参数大多都有其物理意义，后被广泛运用于城市排涝、防洪减灾等工程中[48-53]。这种模型通常具有分布式模型的特征，按照各个排水口把研究区划分成多个小的排水小区，各个排水小区独立成为一个排水单元并进行单独计算。在各排水小区各自利用集总式模型计算其排水量时，由于其积水面积较小，排水小区下垫面及降雨气候条件高度一致，保证了集总模型运用的条件及准确度。

2.6 水资源开发管理

随着社会经济的发展,人类活动对水循环的影响越来越严重。尤其在干旱和高海拔地区,在自然和人类的双重作用下,水资源的开发利用显现出越来越多的问题。因此,在水资源开发利用中建立符合现代流域水循环过程的水资源配置模式,是解决水资源开发利用问题的一个重要途径[54],而分布式水文模型因其对多源信息的应用和对流域任意点的输出能力,成为研究水资源开发管理的重要手段。如管延海等[55]通过对不同年份遥感影像图的分析,研究了长春地区伊通河流域 1993～2008 年下垫面的变化,并利用 SWAT 模型对当地的流域水资源量的演变趋势进行了研究分析。彭小斌等[56]以黑草河小流域为例,利用分布式水文模型 HSPF,分析了各种土地利用类型对流域减水、固沙的影响,证明了分布式水文模型在山区洪水管理中的适用性。张俊娥等[57]利用分布式水文模型对天津市的水循环进行了研究,并据此对天津市的水资源量、耗水量、水资源交换量、蒸散发、浅层地下水、主要作物产量等进行了定量的模拟分析,为水资源的管理和开发利用提供了有力的参考。夏军等[58]针对我国地域辽阔、水资源分布严重不均的情况,建立了跨流域的大尺度分布式水文模型(LDTVGM),该模型在原有封闭式流域水文模拟的基础上,充分利用分布式模型对下垫面和输入数据空间分布的把握,增加了用水耗水模块和跨流域调水模块,考虑了人类活动对水资源分配和利用的影响。

2.7 变化环境影响研究

从水文学的角度来看,变化环境主要包含两个方面:气候变化和下垫面的变化。其中,下垫面的变化又包括环境的自然变迁和人类活动的影响。近些年来,经济的飞速发展,使得人类活动对环境变化的贡献越来越大,由此也导致水文循环发生了极大的改变。在传统的水文模型应用中,很少会定量考虑下垫面变化对水文过程的影响。然而,随着社会的高速发展,下垫面,尤其是土地利用类型的快速变化逐渐对水文过程模拟的精度产生了不可忽略的影响。而分布式水文模型,因其空间分散性,更容易考虑下垫面的时空变化,也逐渐成为研究下垫面变化影响的重要工具。

而在气候变化方面，在气象学家“全球变暖”理论的影响下，气候变化对水资源的影响分析曾一度成为研究热点。分布式水文模型因其分布式的输入输出特点成为一种重要的降水-径流估算工具。气候变化对水文水资源影响的研究基本上遵从“未来气候情景-水文模型-影响评估”的模式[59]，研究从最初的假设情景到更加复杂的气候模式、综合情景，甚至由此演变出的陆气耦合、气象要素的降尺度研究等也一度成为研究热点。因气候研究的尺度较大，应用于气候变化影响研究的模型多是中大尺度的分布式水文模型，如 VIC 模型、水量平衡模型、陆面过程模型等。其采用的时间尺度也较大，通常以旬、月、季，甚至年为单位。

2.8　缺/无资料地区水文问题

由于地理位置、气候、人文等诸多因素的影响，很多地区存在水文观测资料缺失或者观测站点稀疏的情况，对当地的水文水资源规划利用和水循环研究非常不利。能够大量应用雷达、遥测卫星等资料的分布式水文模型，为无/缺资料地区的水问题研究提供了解决的可能。国际水文科学协会(IAHS)在 21 世纪启动的研究计划“缺资料地区的水文预报(PUB)”就是针对这一问题展开的。关于无资料地区的水文问题，近些年的相关研究非常多，如任少华[60]基于 GIS 和 DEM，利用 SCS 方法建立分布式水文模型，通过考虑下垫面的变化和对降雨资料空间插值方法的选择来研究缺失资料地区小流域的水文模拟。

2.9　岩溶地区水文过程模拟

岩溶地区因其水介质的多重性和复杂性，一度成为水资源规划评价和开发利用的难点。传统的水文模型因其忽略流域下垫面和降水的空间不均匀性，在岩溶地下河系统充分发育的地区，具有相当的局限性。分布式水文模型因其分散性结构及其与 GIS、RS 等高新技术的有机结合，可以更好地考虑流域条件的空间不均匀性，因而在岩溶地区的水文过程模拟和水资源开发利用与管理中具有应用前景。但是，因为岩溶地区水文循环的特殊性，分布式水文模型需要针对其特征进行合理化的改进，突出岩溶地下水的模拟过程，方能加以应用[61]。

第3章　分布式水文模型的参数优选

大多数水文模型在使用时都需要一个率定参数的过程[62,63,64,65]，即改变参数值使得模型模拟值与实测值的差异小于预设的误差限。自动率定参数的方法可分为全局搜索算法（Global Search Methods）和局部搜索算法（Local Search Methods）两种[66]，因为局部搜索算法无法处理模型的局部最优值（Local Optima），并且结果好坏对初值的依赖性很大，所以使用更多的是全局搜索算法[67]。全局搜索算法中使用较多的包括 SCE 法（Shuffled Complex Evolution algorithm）[67]和 GA 法（Genetic Algorithms）[68]两种。全局搜索算法除了极少数学者试用过穷举法外，大多以随机搜索算法为基础。随机搜索算法（Random Search）起始于 20 世纪 50 年代，以 Brooks 的 ARS 法（Adaptive Random Search method）最有代表性[69]。

大多数全局优选算法利用复杂的理论设计来降低计算负载、加快优选速度，随着计算机软硬件的快速发展，来自计算量和计算时间上的限制越来越小。为了得到一个较小的参数最优值区间（及其组合）以用于不确定性分析等后继研究，笔者尝试将 SCE、GA 等优选算法迭代使用，即将上次优选出的结果（区间）作为下一次参数优选的参数变域，重复多次以得到较小的参数最优值区间。结果表明，SCE 和 GA 算法迭代使用后，其最优值区间的减小有限；但是 ARS 算法迭代使用后优选结果的提升十分明显，于是本章在 ARS 算法的基础上设计了一个简单有效的参数优选算法——迭代 ARS 方法，该方法基于一定数量的随机搜索运算，根据优选指标最佳的若干个结果交替减小参数变域，最终获得各个参数的优值区间。该方法原理简单，在集总式模型（以新安江模型为例[70]）、半分布式模型（以 TOPMODEL 为例）、“木桶阵列”模型（以 VIC 模型为例）、全分布式模型（以 CREST 模型为例）、一、二维水力学模型以及河网模型参数率定中都可以使用，建模快速、效果较好。本章以五参数实验模型为例，介绍该方法的主要原理。

3.1 研究区域与资料

本书以非洲东部维多利亚湖的支流 Nzoia 流域作为实验流域，肯尼亚全国人民赖以生存的玉米和蔗糖有 30% 产自该地区。长期以来，该地区频繁的洪水威胁着大约 3000 万人口的生命和财产安全，并进一步诱发了疾病、粮食短缺、地区安全等问题，影响着整个东部非洲的稳定，是联合国多年来重点援助的地区之一[71]。Nzoia 流域位于东经 34°～36°、南纬 0°～1°，面积12696km^2，海拔在 1134～2700m 之间，年均降雨量 1350mm。

基于前期研究成果[72]，降雨数据选用 3B42 序列的实时(Real Time) TRMM(Tropical Rainfall Measuring Mission)卫星测雨产品[73]，该数据的空间分辨率为 0.25°×0.25°、时间分辨率为 3h；蒸发能力数据选用 FEWSN(Famine Early Warning Systems Network)提供的全球逐日 PET(Potential Evapotranspiration)数据[74]，该数据的空间分辨率为 0.25°×0.25°、时间分辨率为 24h。

过于复杂的水文模型会增加优选算法的难度，为了便于分析和描述，建立一个简单的五参数试验模型(产流结构见图 3-1)：当有降雨时，利用蓄水容量曲线[75]计算产流量，根据土壤相对湿度把产流量划分为快速径流和慢速径流，并利用线性水库分别进行汇流计算，得到模拟径流；没有降雨时，蒸发能力通过一个折算系数和土壤相对湿度从土层中扣减水分。

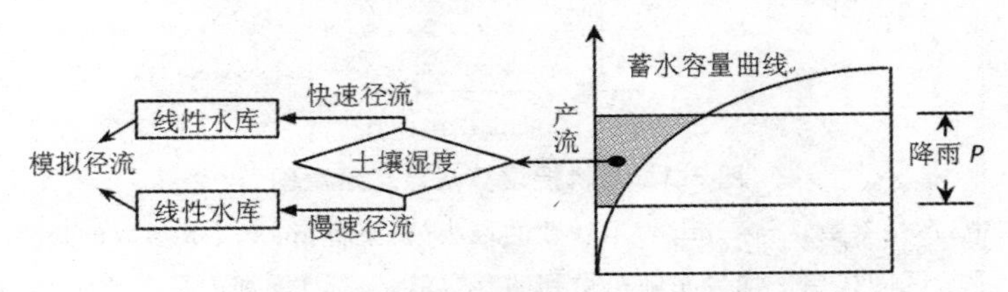

图 3-1　五参数试验模型产流结构图解

假定 2002 年 2 月 1 日的土壤含水量和两个线型水库容量初值为 0，经过大约一年的预热(Warm Up)之后，给出 2003～2006 年的逐日径流模拟结果，并与实测径流相比较。出于表述的方便，本章采用最常见的纳什系数(Nash Sutcliffe Coefficient of Efficiency，NSCE)[76]作为优选指标。实际使用时，可以采用不同的优选指标或者它们的组合。

3.2 算法描述

3.2.1 ARS 算法简介

ARS 算法的基本原理可以参见图 3-2：每个参数都有一个预先确定的参数范围，可以用最小值 $P_{\min}$ 到最大值 $P_{\max}$ 的区间来表示；在某一次随机搜索时，每个参数都先按照平均分布在其取值范围内随机生成一个参数值 p_j^i（i 是参数序号，j 是某次随机搜索计算的编号），然后模型在随机生成的参数组 $[p_j^1, \cdots, p_j^i, \cdots, p_j^I]$ 控制下计算出模拟值（大多为出口径流），最后将模拟值与基准值（大多为实测径流）比较得到相应的优选指标 D_j，完成一次随机搜索计算。实际使用时视模型结构及其适用性、参数数量、驱动数据质量等的不同，往往需要重复搜索上万乃至几十万次。

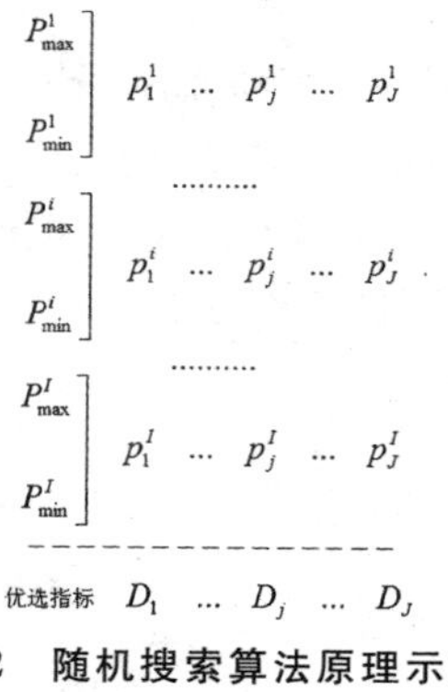

$P_{\max}^1$ / $P_{\min}^1$] p_1^1 … p_j^1 … p_J^1

……….

$P_{\max}^i$ / $P_{\min}^i$] p_1^i … p_j^i … p_J^i

……….

$P_{\max}^I$ / $P_{\min}^I$] p_1^I … p_j^I … p_J^I

优选指标 D_1 … D_j … D_J

图 3-2 随机搜索算法原理示意图

（图中，P 是参数，下标 min 表示参数的最小值，下标 max 表示参数的最大值；p 是在 $P_{\min}-P_{\max}$ 区间按照平均分布随机得到的参数值，上标 1、i 和 I 是参数序号，下标 1、j 和 J 是某次随机搜索计算的编号；D 是某次搜索计算得到的优选指标）

3.2.2 参数与优选指标的关系分析

在 ARS 算法的使用中发现，敏感参数的优值区间仅需要一次全面的随机搜索计算就可以确定，参数在此区间内的取值与其他参数的特定组合能够得到更好的优选指标。以本章实验模型为例，随机搜索 8.7 万次可以得到约 3000 组优选指标较好（指 NSCE＞0，当有 3000 组结果的优选指标较优时即结束本轮搜索，下同)的随机搜索结果，参数取值与优选指标关系图表明：①敏感参数慢速径流线型水库出流系数 rUL 在 0.25 附近有一个十分明显的优值区间[图 3-3(e1)]；②敏感参数蒸发折算系数 pKE 在 0.65 附近也有一个十分明显的优值区间[图 3-3(c1)]；③快速径流线性水库出流系数 rSL 的敏感性较弱[图 3-3(d1)]，在 0.2 左右有一个范围较大的优值区间；④相对不敏感的参数是土层最大含水量 pWm[图 3-3(a1)]和蓄水容量曲线指数 pB[图 3-3(b1)]，其取值与优选指标的关系点均匀分布在整个变域上。

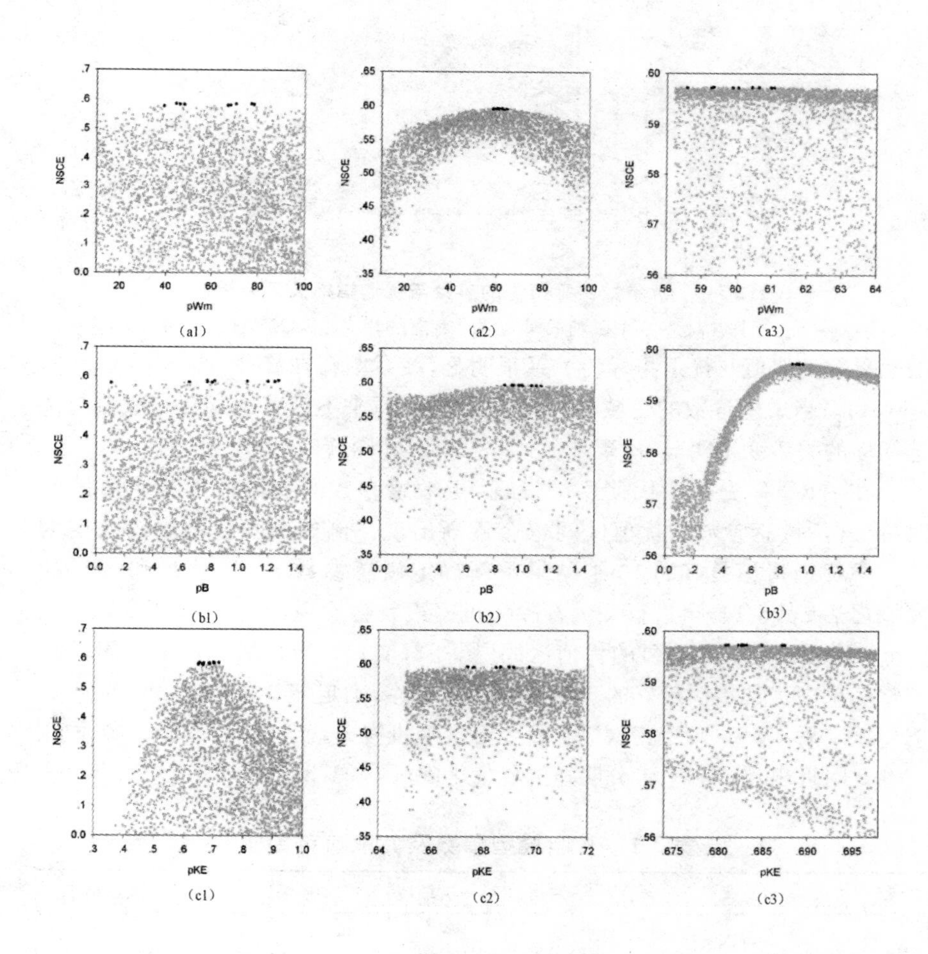

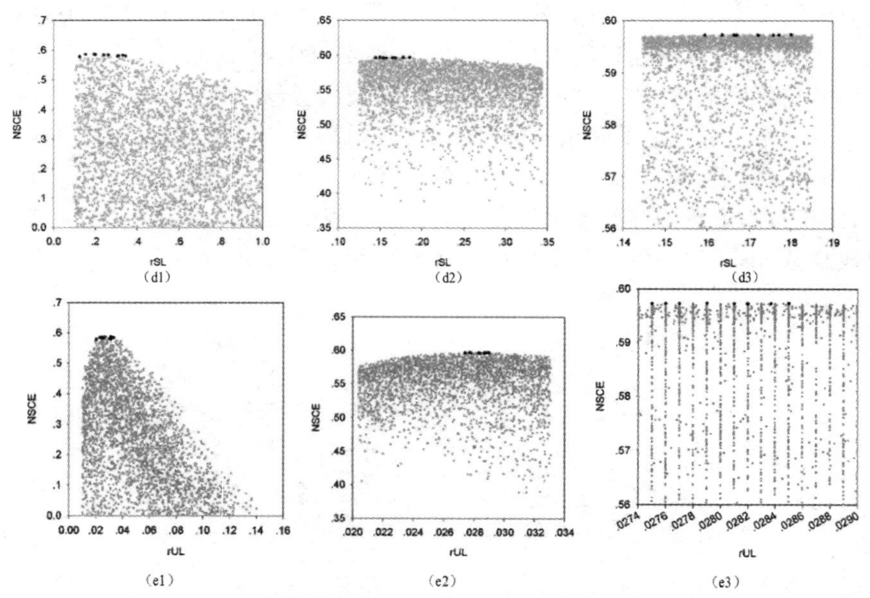

图 3-3　五参数实验模型的参数与优选指标关系分析

（注：图中每一个点对应一个随机搜索结果，突出的黑色点对应最优的 **10** 个结果）

敏感参数的取值与优选指标的关系很明显，关系图存在峰值[图 3-3(c1)和图 3-3(e1)]；当敏感参数的变域接近其最优值时，原来不敏感的参数其取值与优选指标的关系变得明显，出现峰值[图 3-3(a2)和图 3-3(b3)]。

在 ARS 算法的迭代使用中发现：当敏感参数的变域接近其优值区间时，原来不敏感参数的优值区间也会逐渐出现。例如当我们利用前面搜索结果中优选指标最好的 10 组结果重新确定敏感参数 rUL、pKE 和 rSL 的变域之后（表 3-1），再进行 2.7 万次随机搜索就会发现，不敏感参数 pWm 在 60mm 附近出现一个明显的优值区间[图 3-3(a2)]。当我们利用第二组随机搜索结果中优选指标最好的 10 组结果再次重新确定 rUL、pKE、rSL 和 pWm 的变域之后（表 3-1），第三次进行 0.8 万次随机搜索就会发现，不敏感参数 pB 在 0.9 附近出现了一个十分明显的优值区间[图 3-3(b3)]。

表 3-1　实验模型参数及其取值范围

参数	参数意义		变域初值	第一次缩减	第二次缩减	第三次缩减	优选结果*
pWm	土层最大含水量	最大	100	—	64.13	61.06	60.34
		最小	10	—	58.21	58.57	59.42
pB	蓄水容量曲线指数	最大	1.5	—	—	0.963	0.940
		最小	0.05	—	—	0.897	0.927

续表

参数	参数意义		变域初值	第一次缩减	第二次缩减	第三次缩减	优选结果*
pKE	蒸发折算系数	最大	1	0.719	0.686	0.684	0.683
		最小	0.1	0.650	0.681	0.681	0.682
rSL	快速径流线性水库出流系数	最大	1	0.344	0.185	0.180	0.171
		最小	0.1	0.125	0.159	0.161	0.165
rUL	慢速径流线性水库出流系数	最大	1	0.331	0.028	0.028	0.028
		最小	0.01	0.020	0.028	0.028	0.028

（注：表中，三次变域递减的依据是前一组随机搜索结果中优选指标最好的 10 个结果；优选结果的控制条件是 $N=10, M=3, E=0.001$）

3.2.3　迭代 ARS 算法的建立

上述参数与优选指标的关系分析揭示了一种获取模型参数优值区间的方法：可以使用简单的 ARS 全局优选算法估计敏感参数的优值区间；缩小敏感参数的变域重复。使用 ARS 方法，依次确定原来不敏感参数的优值区间，直到获得满意的结果。在此基础上我们建立了迭代 ARS 算法，其主要原理见图 3-4。

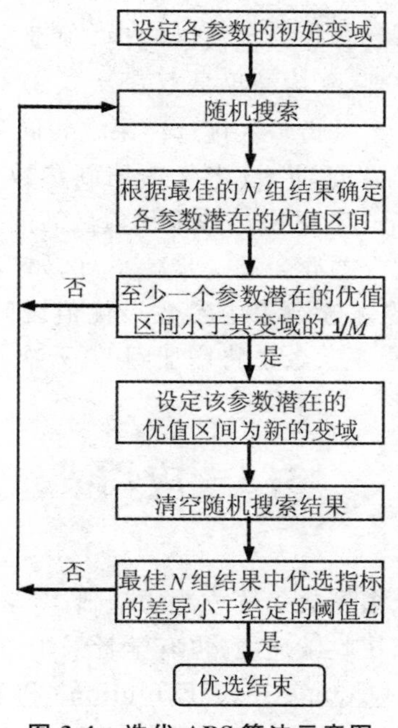

图 3-4　迭代 ARS 算法示意图

迭代 ARS 算法是一个连续的自动过程，优选控制参数有三个：①参照的随机搜索结果数量 N，优选算法将根据最优的 N 组结果确定潜在的优值区间。N 值越大，参数变域削减的速度越慢，漏掉最优区间的可能性就越小，建议取值在 10 或更多。②给定的比值 $1/M$，当某个参数潜在的优值区间最先小于其搜索变域的 $1/M$ 时，优选算法判定该参数为当前变域下的相对最敏感参数，随后设定其潜在的优值区间为新的搜索变域，重新开始随机搜索计算。M 值越大，变域缩减的速度越慢，漏掉最优区间的可能性就越小，建议取值在 3 或更多。③结束控制阈值 E，即当最优 N 组结果的优选指标相差小于该阈值时结束计算，E 值越小，最后优选出的参数变域范围越小，当用 NSCE 作为优选指标时，建议取 E 值在 0.001 或更小。

3.2.4 算法的评测

评价优选算法的指标有很多，比较重要的是自回归能力和结果稳定性两个方面。

自回归能力是指对任意一组预设参数模拟出的结果进行优选分析，优选算法重现该组参数及其模拟结果的能力。本章以随机生成的参数模拟出的径流过程作为目标，设定优选控制参数取值为 $N=10$、$M=3$、$E=0.001$，测定优选算法对该结果的重现能力。重复 100 次的结果表明任意预设参数都包含在优选结果给出的参数最优值区间内，预设参数虚拟的径流过程能够通过优选得到精确重现，平均结果是 Nash＝0.993、Bias＝－0.041％。

优选结果稳定性主要是指多次优选结果在相同和不同优选控制条件下的差异。大量的测试结果证明，设定优选控制参数为 $N=10$、$M=3$、$E=0.001$时，50 次独立的优选测试中参数最优值区间的差异在 10％左右；更严格的优选控制条件下这一差异会进一步减小，例如当取 $N=20$、$M=5$、$E=0.0005$ 时，50 次独立的优选结果中参数最优值区间的差异降低到 2％左右，但后者随机搜索的重复次数也将增加到 20 万次左右。

3.3 应用

随机搜索算法是众多参数优选方法的基础，有学者尝试用二分法，按照正态分布随机取值来加快收敛速度；也有学者采用图形学分析、叠加其他搜索策略如竞争演化法（Competitive Evolution）和复合滑动法（Complex Shuffling）来提高可靠性。迭代 ARS 算法作为一种简单有效的全局优化算法，不仅更容易理解、掌握和使用，而且能够得到一个稳定的、较窄的参数最优值区间，有着广泛的应用前景（如流域间的参数比较、移用；模型、数据的适用性分析等）。

例如在研究 TRMM 卫星测雨产品驱动下五参数试验水文模型进行 Nzoia 地区洪水模拟的可行性时，先设置五参数实验模型的初始变域，然后设置优选控制条件 $N=10$、$M=3$、$E=0.001$，约经过 10 万次随机搜索计算就可以得到五个参数的优选结果：优选指标 NSCE 是一个以零相对误差为轴线的对称分布，其中 227 个随机搜索结果的 NSCE 大于 0，其分布参见图 3-5(a)；最优的 10 组结果 NSCE 达到 0.598±0.0005，总量相对误差从－1.67％到 1.20％，对应的径流拟合过程线见图 3-5(b)。注意图 3-5(b)的模拟径流由最优的 10 组结果组成，因为 10 个结果非常接近，相互叠加后看起来只有一条略粗的线。这个例子表明卫星降雨产品和全球逐日 PET 驱动下五参数实验模型在 Nzoia 流域洪水模拟中的表现比较勉强，建议只用于 Nzoia 流域附近无实测降雨数据情况下的洪水估算。

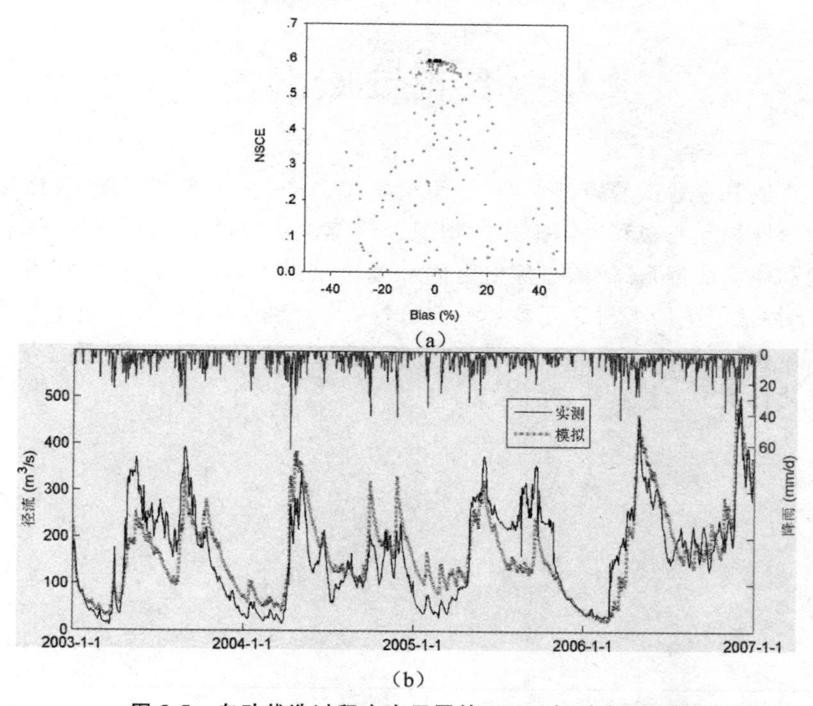

图 3-5 自动优选过程中大于零的 NSCE 与对应的总量相对误差关系图(a)和卫星降雨产品驱动下五参数实验模型对 Nzoia 流域洪水过程线的 10 个最佳拟合结果(b)

[注：图(a)中每一个点对应一个随机搜索结果，突出的黑色点对应最优的 10 个结

果;图(b)中的模拟结果由最优的10个过程线组成]

又例如当比较卫星测雨产品和站点群实测降雨数据的差异时,在第一个例子的基础上利用Nzoia流域12个降雨站点的实测数据[72],按照泰森多边形法得到流域平均值,驱动五参数试验模型,在相同优选控制条件下经过8万次搜索计算后,最优的10组结果NSCE为0.656±0.0005,总量相对误差从-0.58%到0.56%。结果表明,卫星降雨数据的精度相对于地面站点的观测值来说还有待进一步提高。

再例如当比较不同模型(如不同产流机制、不同设计等)在Nzoia地区的适用性时,在第一个例子的基础上把五参数实验模型替换为其他模型如16参数的新安江模型[77],在相同优选控制条件下经过50万次搜索计算后,最优10组结果的NSCE为0.717±0.0005、总量相对误差从-2.35%到-0.63%。结果表明,相对于五参数试验模型,卫星测雨产品驱动下的新安江模型更适合在Nzoia地区的洪水模拟中应用。其他类似的比较研究还包括雷达测雨产品、站点插值方法、蒸散发数据、时间尺度问题等。

3.4 结论与展望

本章以五参数试验模型为例,介绍了迭代ARS算法基本原理,发现了参数敏感性相互遮蔽和次第出现的情况。该算法能够给出现有条件下(模型结构和驱动数据)参数的最优值区间和模拟结果集,其原理简单、实现方便,易于替换传统的人机交互参数率定方法;其结果稳定,在不同操作者之间具备可比性,这在尺度比较、数据源分析、模型结构分析与比较、研究人员的相互协作等方面具有重要的意义。

第4章　分布式土壤含水量初值设定

蓄水容量曲线的概念，原用于新安江模型中描述流域内产流面积的变化[78]，通过一个抽象的曲线来解决单元面积内的产流空间不均匀性的问题，在近年来的大尺度模型研究中[79]，被认为是一种简便有效的空间参数化的方法，广为国外水文学者所引用[80]。

水文模型在计算降雨产流时，大多需要考虑地表一定深度的平均土壤含水量状况[81]，如霍顿模型根据表层土壤含水量计算土壤下渗[82]。流域上不同地点的土壤含水量各不相同：坡顶土层薄、大多较干燥；坡底尤其是沟谷附近土层厚、相对湿润一些。对于分布式水文模型来说，众多计算单元的土壤含水量初值不可能依赖人工一一设定，常常以特别干燥或湿润时刻开始，通过一个长时间段的计算来逼近实际的土壤含水量空间分布，称为模型预热[83]。分布式水文模型的预热需要大量的计算资源、常常被初学者省略[84,85]。

如果采用集总式模型那样把众多计算单元的初始土壤含水量设为相同数值的方法，会削弱分布式模型对产流过程的空间描述。本章试着将分布式模型每一个单元的相关数据视为蓄水容量曲线上的点，尝试建立一个把面平均的土壤含水量数值转换为逐点数据系列的方法，去设置分布式水文模型的土壤含水量初值，探讨如下。

4.1　定性分析

流域上各处包气带的厚薄情况及土壤特性一般存在差异，所以当全流域处于最干旱状态时，各个包气带的缺水量程度也不同。如果将纵坐标设为包气带中达到田间持水量时的土壤缺水量 W'_m，将横坐标设为小于等于该 W'_m 所占的流域面积比重 a，由此得到的曲线称为流域蓄水容量曲线[80]，常用抛物线型的函数关系来表示：

$$1-a=(1-\frac{W'_m}{W'_{mm}})^B \tag{4-1}$$

式中，W'_{mm}是网格内蓄水容量的最大值。

蓄水容量曲线与分布式水文模型之间存在着两点重要的内在相关性：

1）蓄水容量曲线是由众多统计点组成的集合，反映了整个流域的统计特性；而建立分布式模型的前提则是每个计算单元内部都要满足水文物理特性相同的假定，可以把它们当作一系列带有相应属性（面积、坡度等）的点来处理[86]。

2）蓄水容量曲线不直接反映流域上具体的点包气带的缺水量大小，但曲线左端对应的点缺水量最小，与现实流域中的坡底部分相对应；曲线右端对应的点缺水量最大，与现实流域中的坡顶部分相对应。

如果能借助实测手段，得到流域上每个点的土壤含水量状况，就可以做统计分析和比较，但是目前土壤含水量测量的精度和广度还很难作为相关基准值来使用，并且分布式水文模型的土壤含水量是一个和模型原理、结构、参数密切相关的值，并不完全等同于实际的土壤含水量。本章尝试通过模型预热结果印证的思路，把土壤含水量点-面空间规律应用于模型的次洪模拟中，详述如下。

4.2 模型介绍

本章成果将首先应用在黄河中游支流上的栾川流域（图 4-1）。栾川站位于东经 111.736°、北纬 33.747°，是黄河中游支流伊河上最大的水文站，流域面积 340km^2，河长 36.9km，流域内土层较厚，表层土为壤土，河道比降较陡，河网密度大。流域受季风影响，冬春干旱，降雨多以暴雨形式出现。栾川站多年平均降雨量为 860mm 左右，主要集中在 6～9 月，占年降雨量的 60％～70％。

根据流域情况，本章建立了一个松散耦合的分布式霍顿模型[87]，主要模块介绍如下。

4.2.1 产流计算

霍顿（Horton）[88]通过入渗实验研究，认为入渗过程是消退的过程，且消退的速率与该时刻的下渗率到稳渗率的改变量成正比，得到降雨入渗的经验方程为：

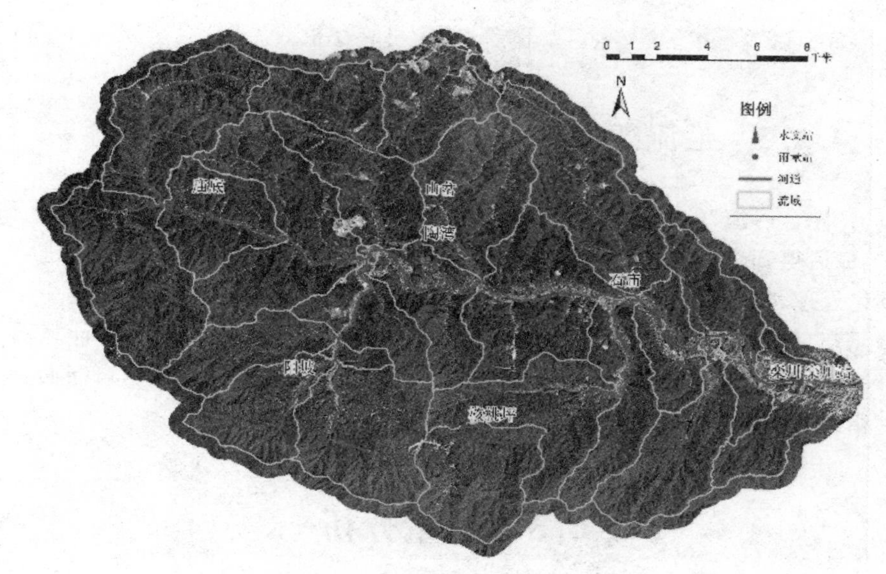

图 4-1　栾川流域概况

$$f=f_c+(f_0-f_c)\mathrm{e}^{-Kt} \tag{4-2}$$

式中，f 是入渗速率；f_c 是稳定入渗速率；f_0 是初始入渗速率；t 是时间；K 是常数。

霍顿公式是通过大量的实验研究，从而得到的纯经验公式，虽然目前关于入渗机理的研究正逐渐向物理过程描述研究转变，但霍顿公式由于使用方便，在许多研究领域仍然被大量使用。其中以霍顿公式为基础的霍顿模型是一个非常成熟的超渗水文模型，模型认为当降雨强度超过地面入渗能力时出现地表径流，关于土壤含水量的计算公式为[89]：

$$W=\int_0^t f\mathrm{d}t=f_c t+(1-\mathrm{e}^{-Kt})\frac{f_0-f_c}{K} \tag{4-3}$$

式中，W 是土壤含水量。

4.2.2　分水源计算

相关研究[90,91]表明，超渗地表径流与慢速径流（壤中流、地下水）完全有可能同时存在。有学者在霍顿模型中引入地下水径流的描述[92]认为，在下渗过程中，从包气带上层到下层是依次达到田间持水量的，当整个包气带均达到田间持水量时，就意味着整个土层达到稳定下渗，包气带的自由重力水可以从地面一直到达地下水面，此时如有降雨则必产生地下水径流，可以按下式计算：

$$R_g = \int_{i \geqslant f_c} f_c \mathrm{d}t + \int_{i < f_c} i \mathrm{d}t \tag{4-4}$$

4.2.3 汇流架构

“先合后演”的汇流计算是通过逐单元的递推计算一直演算到出口断面，最后得到全流域每个网格上的汇流过程[93]。通过对单元过境水流进行概化处理，将汇流计算的思路从“跟踪质点法”转换到“固定单元法”，每一个单元都只有一个上游来水项和一个单元出流项[94]，通过单元流速计算滞时，从上游到下游逐单元演算，结果中每一个单元的流量过程和出口断面具有相近的精度等级[95]。

4.3 定量分析

利用栾川流域 90m 的 DEM 数据以及相关的降雨、蒸发资料运行上述分布式霍顿模型，计算时段长为 1h。用 1971～1980 年共 10 年的实测资料率定好参数[96,97]。

分布式模型习惯取某一个较干旱时刻开始计算，此时各个栅格的土壤含水量差异相对较小，相对更有理由取一个相同的值。2000 年 1 月 1 日之前已经连续干旱了 20d，所以取这个时刻开始模型计算。根据当天 4 个土壤含水量取样点的数值，将模型所有栅格的土壤含水量设为 10％体积含水量(约为田间持水量的 30％)。

连续滚动计算后可以得到每一个小时的土壤含水量数据，并对其空间分布做统计分析。考虑到该流域 6 月 1 日进入主汛期，且当天有 4 个点的实测土壤含水量数值，所以以该日的日平均土壤含水量为例，点绘各个栅格按照集水网格数(Flow Accumulation Map，FAM)排列后的土壤含水量散点图(图 4-2)。图中左下角的点土壤含水量较低，在 0.03 至 0.1 范围内，根据其栅格编号查询 DEM 和集水网格矩阵得知：这些栅格大多属于流域中海拔较高的分水岭单元；图中右上角的点土壤含水量较高，在 0.22 至 0.31 范围内，根据栅格编号查询得知：这些栅格大多属于流域中海拔较低的河道单元。图 4-2 中的土壤含水量分布符合水文规律。

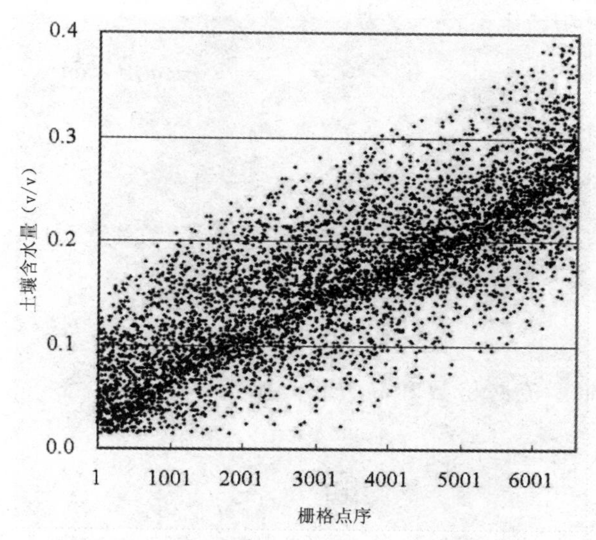

图 4-2　预热结果中栅格点序的土壤含水量图

根据上述土壤含水量数据，用试错法拟合出一条蓄水容量曲线[98]，当 $B=1.4$ 时拟合效果最好，再换算为土壤含水量后见图 4-3。图中曲线无论均值还是趋势与图 4-2 匹配都很好，说明蓄水容量曲线和流域上的逐点土壤含水量确实存在很强的相关性。

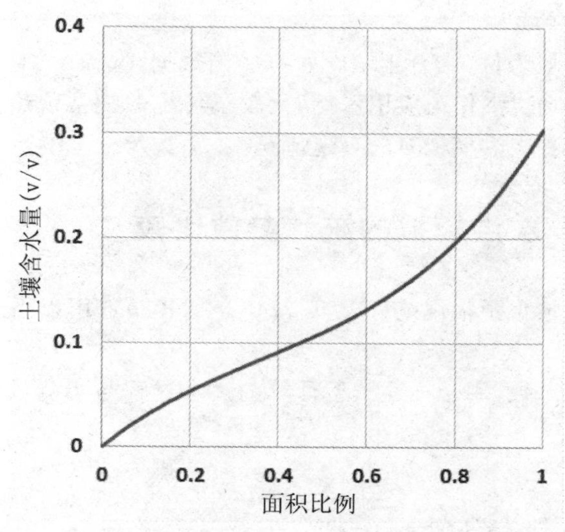

图 4-3　根据计算结果拟合出 $B=1.4$ 的土壤含水量曲线

基于上述的相关性结论，建立了如下换算关系：

1)流域平均的土壤含水量为：

$$x=\int_0^1 x'\ \mathrm{d}a=\int_0^1 x_m\left[1-(1-a)^{\frac{1}{B}}\right]\mathrm{d}a \tag{4-5}$$

即

$$x=x_m\left(1-\frac{B}{B+1}\right) \tag{4-6}$$

2)对于给定的最大土壤含水量 x_m、流域平均的实际土壤含水量 x，可以推得指数 B：

$$B=\frac{x_m-x}{x} \tag{4-7}$$

3)对按照汇流网格数和高程排序后每一个结点的土壤含水量顺序赋值：

$$x_i=x_m\left[1-\left(1-\frac{i}{n}\right)^{\frac{1}{B}}\right] \tag{4-8}$$

式中，i 是栅格序数；n 为栅格总数。流域平均的土壤含水量便可由以上公式转换为空间分布的土壤含水量。

4.4 应用实例

以栾川流域为例，结合土壤含水量实测数据，选择了 1980 年之后洪峰流量最大的 9 场次洪作为应用示例，比较了传统的模型预热法和离散蓄水容量曲线方法在次洪模拟时的表现情况。

4.4.1 次洪模拟的统计参数比较

参考水文情报预报规范(GB/T 22482－2008)选用以下三个指标进行比较：

1)确定性系数，用于描述模型计算的洪水过程与实测过程之间的吻合程度，公式如下：

$$DC=1-\frac{\sum_{i=1}^{n}\left[y_c(i)-y_0(i)\right]^2}{\sum_{i=1}^{n}\left[y_0(i)-\bar{y}_0\right]^2} \tag{4-9}$$

式中，DC 是确定性系数(取 2 位小数)；$y_0(i)$是实测流量，单位 m^3/s；$y_c(i)$是模型计算的流量值，单位 m^3/s；$\bar{y}_0$ 是实测流量的平均值，单位 m^3/s；n 是资料序列的长度。

2)洪水总量相对误差(Relative error of flood volume,简称 Rv),用于描述模型计算的洪水总量与实测洪水总量之间的吻合程度,公式如下:

$$\mathrm{Rv} = \frac{\sum_{i=1}^{n}[y_c(i)] - \sum_{i=1}^{n}[y_0(i)]}{\sum_{i=1}^{n}[y_0(i)]} \times 100\% \tag{4-10}$$

式中,Rv 是洪水总量相对误差,以百分数表示;其他变量如上。

3)洪峰流量相对误差(Relative error of peak flow,简称 Rp):用于描述模型计算的洪峰流量与实测洪峰流量之间的吻合程度,公式如下:

$$\mathrm{Rp} = \frac{y_c(\max)}{y_0(\max)} \times 100\% \tag{4-11}$$

式中,Rp 是洪峰流量相对误差,以百分数表示;$y_c(\max)$是模型计算流量的最大值,单位 m^3/s;$y_0(\max)$是实测流量的最大值,单位 m^3/s。

两种不同的土壤含水量初值设定方法模拟出的 9 场次洪统计参数见表 4-1。结果表明,两种方法的产汇流模拟结果基本相同,9 场次洪的确定性系数只在小数尾数上有所差异。

表 4-1　两种方法在 9 场次洪中的应用结果比较

洪水编号	洪峰流量	模型长时段预热法			离散蓄水容量法		
	m^3/s	DC	Rv%	Rp%	DC	Rv%	Rp%
1994-7-3	520	0.84	−8	2.5	0.79	−7.5	4
2001-7-27	409	0.84	1.1	−8.7	0.79	−1.1	−7.7
1981-7-15	374	0.87	−2.5	2.8	0.86	−5.2	2.5
2000-7-13	316	0.83	−1.5	−4.7	0.83	1	−5.5
1998-8-15	277	0.86	13.5	−2.6	0.84	12	−4.3
1983-10-4	269	0.79	9.4	−5	0.79	9.7	−3.5
1983-8-1	248	0.78	9.2	−8.7	0.81	10.3	−10.5
1980-7-1	246	0.87	−1.2	−11.8	0.90	−2.5	−13
1982-7-31	235	0.83	6.6	2.5	0.83	7.7	2.8
平均		0.83	3.0	−3.7	0.83	2.7	−3.9

4.4.2　典型次洪土壤含水量初值比较

上述 9 场次洪中,洪水 2001-7-27 在设定两种不同的初值时,模拟结果差别最大，确定性系数差别达到 0.05，特以此为例比较不同方法设定土壤含水量初值的空间等值线(图 4-4)。

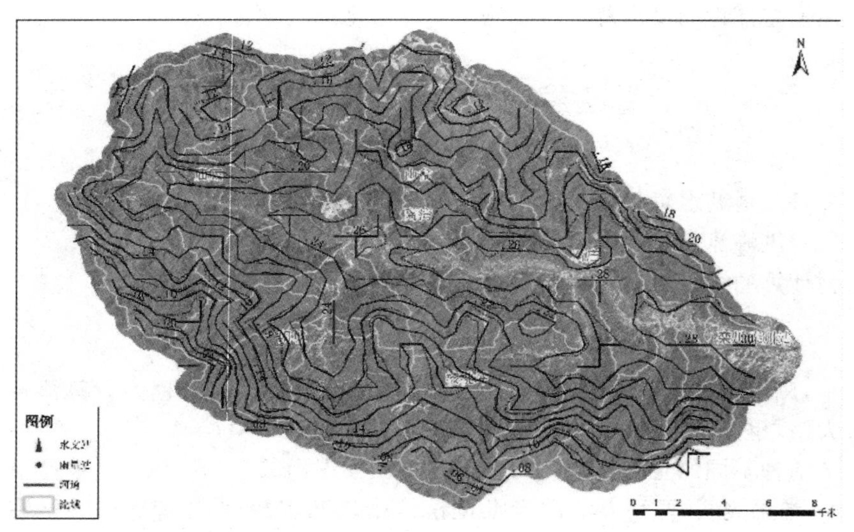

图 4-4　典型次洪土壤含水量初值空间分布等值线比较
(等值线数据为土壤的体积含水量)

结果表明，两种方法得到的土壤含水量空间分布仅在部分地点略有差别，总体趋势完全一致。周边分水岭土壤含水量在 0.15 左右，河道峡谷地带土壤含水量在 0.25 左右，接近出口水文站附近的河谷平原土壤含水量接近 0.3。

其他 8 场次洪的土壤含水量空间分布比较结论相同，限于篇幅不再赘述。

4.4.3　典型过程线比较

仍以模拟差别最大的 2001-7-27 洪水为例，比较在设定两种不同的初值时模拟的过程线(图 4-5)。结果表明，两种不同的土壤含水量初值设定方法不同，其产汇流模拟过程线相同，除了开头几个时段之外，其差异很难在过程线上目测识别(图 4-6)。其他 8 场次洪比较可以得到同样的结论，限于篇幅不再赘述。

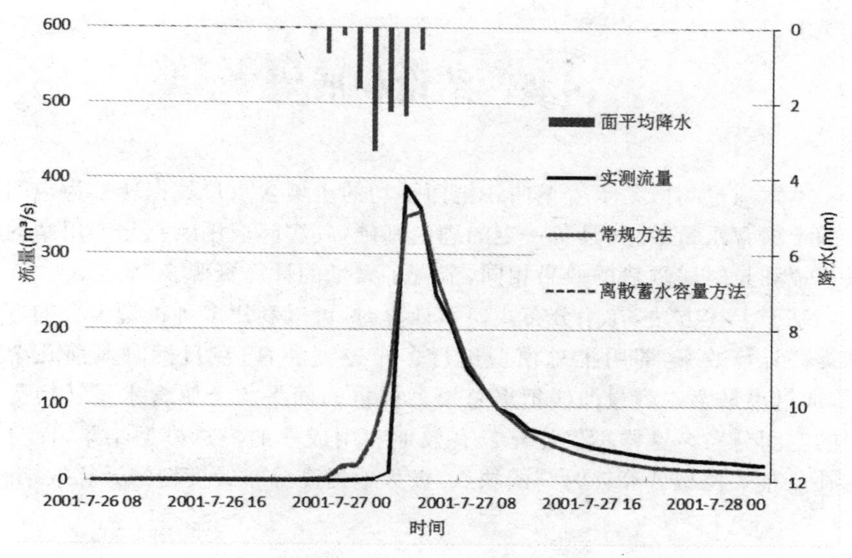

图 4-5　栾川站 2001－7－27 洪水模拟结果比较

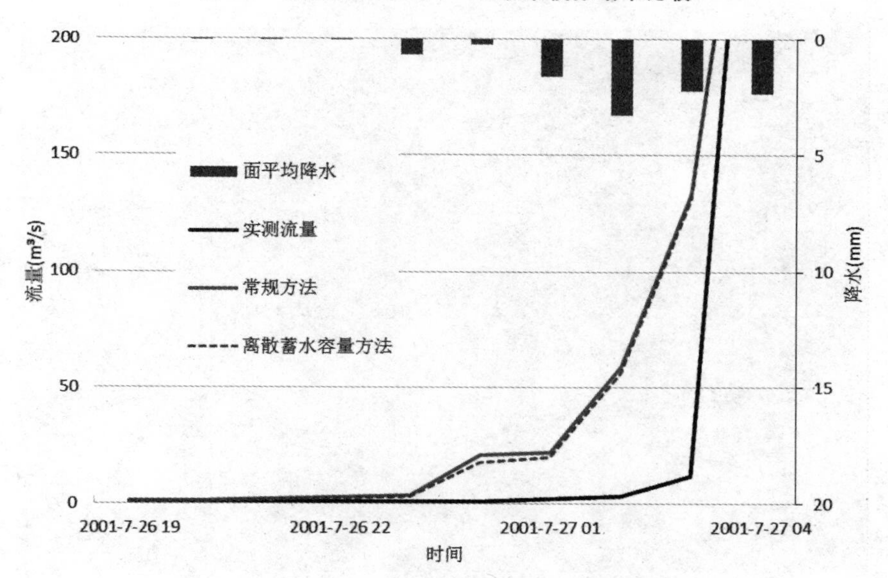

图 4-6　栾川站 2001－7－27 洪水模拟结果比较(局部放大)

其主要原因是流域的网格数量众多(约 7000 个),少数网格的土壤含水量初值差异在计算出口流量时被均化了;随着降雨的持续,土壤含水量空间分布更多的由降雨的空间分布决定,两种方法的差异就会越来越小。

4.5 结论和展望

本章通过离散蓄水容量曲线把面平均的土壤含水量数据转换为空间分布的土壤含水量数据，具备一定的理论基础，其实际应用效果与栾川站的次洪模拟和长时段预热的效果相同，节省了大量的计算资源。

基于上述方法，在用分布式模型计算时，可以利用多种模型组合的方法来提高计算效率，即用集总模型进行多年连续演算；在目标时段前几个时段，通过离散蓄水容量曲线把集总模型提供的面平均土壤含水量转换为近似的空间分布。这样不仅能充分有效地利用成熟的集总模型结果，而且能弥补分布式模型计算耗时高的缺点，极大地提高分布式模型的计算效率。

第5章　水文敏感区

社会经济的发展、人口密度的增加以及土地利用类型的多元化，特别是人类活动的影响，使流域径流的产生过程逐渐复杂化。为了能够进一步反映流域内真实的产汇流过程，水文模型的研究重点开始从简单关注出口断面流量向研究流域产汇流空间分布规律转移。同时，随着现代农业的发展，流域非点源污染问题日益严重，尤其是可溶性氮、磷已经成为江河污染的最大来源。尽管近年来已有很多学者做了大量有关非点源污染的研究[99,100,101]，并在实际应用中采取了许多水质保护策略和流域管理措施，但这些措施对流域主要产流区定位及非点源污染的水文驱动力认识不足，致使这些措施并没有达到预期效果。流域非点源污染受土地利用、土壤类型、地形、植被以及气候、水文等要素的空间不确定性影响，实施全流域实时监测、模拟及控制非常困难。径流作为污染迁移转化的水文驱动力，在流域污染防治中起着关键作用。因此，加强流域空间产流量与产流位置的研究具有重要的现实意义，也正是在此研究背景下，提出了流域水文敏感区的概念。

水文敏感区是流域内较容易发生流域径流、对流域产流具有较大贡献的区域，也是流域水质变化的主导因素，不仅可以反映流域空间上主要产流区的位置，还能表达产流区随地形、气候及季节等的变化规律。因此，如何通过大量易获取的水文、气象、地形等资料，进行水文敏感区识别，针对可变源区水文敏感性，以径流产生潜能为驱动，结合产流机理改进理论模型成为应用性模型。把全流域大范围径流监测和水质模拟问题定位在一定的敏感区域范围内，并正确模拟这些区域的水文特性及其空间分布，对流域产流空间分布研究和非点源污染产生过程模拟都具有重要的现实意义，同时还能为进一步构建分布式水文模型提供理论支持。

5.1　水文敏感区

地表径流产生位置受地形、气候、土壤与植被等众多因素的影响而呈现动态变化，Hewlett 和 Hibbert 早在 1967 年就提出“可变水源水文学（Variable Source Area Hydrology）”这一术语来表达这种动态变化过程[102]。之后 Dunne 和 Black（1970）在新英格兰的一个小流域内做了一些研究，并指出在暴雨发生的时候，径流主要以地表径流的形式产生，而且这部分地表径流主要发生在流域内的一小部分面积上，这部分产流面积的位置和范围受到流域地理位置、地形、土壤以及降雨特征的影响[103]。

自“可变源区”的概念提出以来，围绕“可变源区”的研究逐步深入，从单纯研究蓄满产流到综合考虑蓄满超渗的混合产流[104,105]，从仅研究径流产生位置到径流产生范围，从仅研究“可变源区”的变化到综合考虑“可变源区”与污染源区的变化[106,107]，从而相继提出“水文敏感区（Hydrologically Sensitive Areas，HSAs）”“污染源区（Polluted Areas，PAs）”以及“关键源区（Critical Sources Areas，CSAs）”等相关概念。张继宁等人在 2002 年提出，可变源区研究的是径流产生这一水文过程，如果径流加速了污染物的迁移过程，则这样的地区就被称为“水文敏感区”[63]。这是从水质的角度来定义水文敏感区，实际上，从水文学产汇流的角度来看，水文敏感区的主要表现为水文过程活跃、容易发生地表径流，进而对流域总产流量有较大的贡献。“污染源区”则是指流域内具有较高的污染概率或者潜在污染可能性的区域，这些区域往往与流域的土地利用结构有一定的空间关联性。“关键源区”概念的提出必须融合“水文敏感区”与“污染源区”两个概念，主要体现在对“水文敏感区”进行污染物控制的概念上，即流域内属于水文敏感区范围，同时又具有较高污染概率或潜在污染可能的区域。

为了正确识别和定位流域内“水文敏感区”的空间范围、分布及其变化规律，大量的国内外学者做了很多相关研究，并提出了一系列的识别方法。Boughton 等人于 1987 年对两个不同气候条件下的两个试验流域进行了研究，采用表层土壤蓄水能力为核心评估了流域内部分面积上所发生的产流事件[108]。1990 年，Boughton 等人根据流域降雨、蒸发、土壤含水量以及流域径流之间的水量平衡关系对澳大利亚一个 16.8hm^2 的小流域作了实例研究，结果表明，流域内的产流面积和位置在不同降雨事件下有所不同；就是在同一降雨事件中，由于降雨时间的不同，产流情况也不相同[109]。张继宁等人[110]则利用水文敏感区与非水文敏感区的概率极限值来寻找流域内的产流区范围与位置，分析指出，在所研究的区域，每个流域每天几乎发生 30%的径流，而每个月可变水源有平均 10%的土地面积被划为水文敏感区，它们产生了约 20%的径流量，在该研究中，所用的水文模型是土壤水汇流模型（Soil Moisture Routing，SMR）。SMR 模型是一个具有物理基础的全分布式水文模型，整合了地理信息系统 GIS 代码，用来模拟流域地表径流生成潜能、土壤水空间分布以及不同土地利用类型的水文响应[111]。Agnew等人在 2006 年利用基于 GRASS 平台的 SMR 模型来计算饱和产流概率，然后结合产流概率与改进后的地形指数的相关关系和距离河道的远近，对研究流域进行了水文敏感区、污染关键区以及流域管理关键区的界定[112]。此后，庄永忠等人[113]在此基础上，引入了土壤体积含水量校核标准，对台湾莲华池 4 号和 5 号流域不同季节径流生成概率进行了研究，并设定了不同地表径流生成概率等级下不同季节的变动水文敏感区范围。

虽然 SMR 模型能够预测流域内所有网格的土壤含水量及地表径流生成量，但是计算效率较低，应用于实际的流域管理需求中太过复杂。另一个界定流域水文敏感区范围较为流行的方法即是采用径流曲线数(Curve-number，CN)[114]，该方法假设径流量主要由土地利用和土壤类型来决定，它们在定位径流产生源区的位置时与早期理论中饱和径流源区怎样产生、在哪里产生并不一致[69]。Steenhuis 对 SCS-CN 方程中随空间变化的产流源区进行了解释，传统的 SCS-CN 方法都假设超渗产流是主要的产流机制，而饱和径流的产生因素则几乎没有被用来定义 CN 值[70]。因此，传统的 SCS-CN 方法应用于饱和径流为主的地区的水文敏感区识别当中并不合适。Lyon 在研究中融合了传统的 SCS-CN 方法和修正的地形指数空间分布来评估给定流域内的饱和产流概率，并将此方法称之为分布式的CN-VSA方法，重点考虑了 VSA 方法对水文学的影响，该方法是基于水文观测过程的，目的在于预测一个流域在某一场降雨事件下的饱和产流概率和定位 VSA 的位置。另一方面，该方法仅考虑了不同土地利用类型对于产流位置和产流量的影响，这就表示土地利用类型直接决定了产流位置和产流量，而忽略了地形等因素的影响，对于水文敏感区的定位和评价也不完全合符实际[115]。

水文敏感区是流域内最容易发生径流的区域，也是流域的主要产流区。水文敏感区的大小和位置是不断变化的，为了能够反映流域空间下垫面的不均匀性对地表产流量的影响，本书采用以地形因子为核心的 TOPMODEL 模型；同时，为了定量描述这种变化规律，提出了流域月地表产流概率、水文敏感线等概念，构建水文敏感区的识别理论体系。

5.2　流域地表产流概率

在不同的降水过程当中，流域空间上任意一点发生地表产流都具有不确定性，即便是在同一降水过程中，流域内同一空间点在不同时间段内的地表产流情况也不尽相同。为了定量描述流域地表产流不确定性的空间分布,衡量流域内各空间位置上产流可能性的大小,提出了地表产流概率的概念。所谓流域地表产流概率即是流域空间点在某一时间段内,比如某一次降雨过程、某一天、某一月甚至多年内发生地表径流的可能性。

这一概念最早由 Agnew 等人于 2006 年提出,庄永忠等人在 2008 年的相关研究中沿用了此概念及其计算方法,其月地表产流概率由某一个月内的产流天数除以该月总天数而来。实际上,产流概率这一概念应该是在流域降雨的基础上提出的,所以为了体现在降雨期间发生地表产流的趋势,月地表产流概率的计算改为某一月内的产流天数除以该月降雨的总天数,不考虑没有降雨的天数的影响,即

$$P_{sat}=\frac{D_{sat}}{D_{rain}} \tag{5-1}$$

式中,P_{sat} 为某个月的月地表产流概率;D_{sat} 为该月发生地表产流的天数;D_{rain} 为该月发生降雨的天数。

需要强调的是,根据地形指数值的大小,流域被划分为众多不同的区域。因此,每一地形指数分段就对应一个地表产流概率,在同一地形指数分段所代表的区域上,不同月份具有不同的月地表产流概率,同样地,在相同的月份里,不同地形指数分段所代表的区域也具有不同的月地表产流概率。

5.3 边界月份敏感线

受流域所处的地理位置等因素的影响,流域降水在年内差异较大。对于中国境内的大多数流域来讲,流域内的降水主要发生在夏季,而在冬季降水量相对较少[116,117]。而流域的产流量大小与降水量的多少密切相关,所以针对降水及流域地表产流年内分配的不均,从而造成流域年内水文敏感区范围的动态变化,本节提出了边界月份敏感线的概念,作为流域水文敏感区范围划分中最底层,也是最基本的定量界定标准。考虑到流域内不同地形指数分段在相同月份里具有不同的月地表产流概率,为了计算的简化,在边界月份敏感线的计算中选取最大地形指数分段对应区域的月地表产流概率进行。事实上,这一简化对流域水文敏感区的识别影响很小,因为水文敏感区本身正是讨论流域具有较高地表产流概率的区域,这些区域往往是地形指数较大的区域。

假定研究所采用的降水数据共有 m 年,针对流域地形指数最大分段对应的区域,利用公式(5-1)可计算得到 $m\times n$ 个月地表产流概率,所以第 j

年第 i 月的地表产流概率用 $Psat_i^j$ 来表示，其中 $i=1,2,\cdots,12$，$j=1,2,\cdots,m$。由于不同年份在相同月份的地表产流概率不尽相同，为了探讨月地表产流概率年内分配的多年规律，提出多年平均月地表产流概率这一概念，其计算公式如下所示：

$$\overline{Psat_i} = \frac{1}{m}\sum_{j=1}^{m} Psat_i^j \tag{5-2}$$

式中，$\overline{Psat_i}$表示第 i 月份的多年平均月地表产流概率。

由于$\overline{Psat_i}$在不同月份的差别较大，这就说明了年内不同月份水文敏感区范围的差异较大。这里需要特别强调的是，由于某些月份，比如冬季，降水量特别少，强度也特别小，以至于几乎不会发生地表径流，这样的月份月平均产流概率就特别小，如果某个月的多年月平均地表产流概率小于10%，即小于 0.1，则该月就称为非敏感月份；如果某个月的多年月平均地表产流概率大于等于 10%，那么就称该月为敏感月份，并假想在敏感月份与非敏感月份的中间存在一条分界线，则称该分界线为边界月份敏感线。

5.4　平均水文敏感线

为了反映流域内各点多年平均的地表产流总量与地形指数空间分布的相关关系，以表达在不考虑年内不同月份影响下流域空间水文敏感区范围的平均状况，本节提出了平均水文敏感线的概念。

将流域内的地形指数从大到小进行排序，可得到一组数值连续的离散值，TOPMODEL 模型认为，具有相同或者相近地形指数的流域单元具有相同的流域水文响应，所以避免冗余的计算过程，从而达到提高模型运行效率的目的，可将这组排序好的流域地形指数进行合理分段，分段后的地形指数用 TI_i 表示，其中 i 表示第 i 段地表指数，$i=1,2,\cdots,L$，L 为地形指数分段总数，通常取 25、50、100。利用改进后的 TOPMODEL 模型可以计算得到任一计算时段任一地形指数分段的地表流量，用 Rv_i^j 表示，其中 i 表示第 i 段地表指数，j 表示第 j 时段，$j=1,2,\cdots,D$，D 为计算总时段。那么，对每一地形指数分段，可将其对应的所有时段的地表产流量进行累加，得到在计算时段内该地形指数分段所对应的总的地表产流量，其计算公式如下：

$$\mathrm{Rv}_i = \sum_{j=1}^{D} \mathrm{Rv}_i^j \tag{5-3}$$

这样就得到一组 TI_i 对应的数据序列 Rv_i，将它们画到图上，可以得到类似图 5-1 的一条平滑曲线，可以看到，地形指数高的地方地表产流量比较高，地形指数低的地方地形指数较低，在这条平滑曲线上，通常会有两个拐点：在第一拐点之前，如图中点 A，任一地形指数分段所对应的地表产流概率都比较高；而在第二拐点之后，如图中点 B，任一地形指数分段所对应的地表产流概率都比较低，甚至几乎为 0；处于这两个拐点之间的部分，地形指数值与其所对应的地表产流概率之间近似呈线性关系，随着地形指数的降低，地表产流概率也降低。

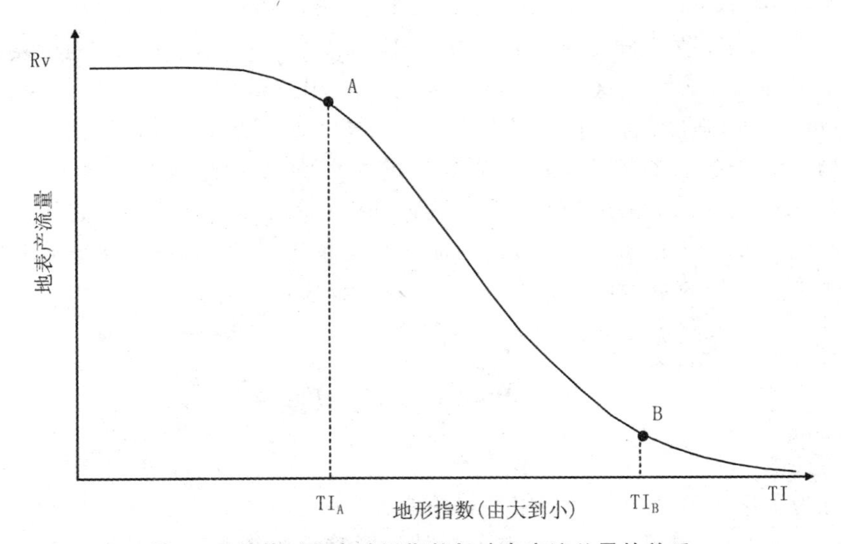

图 5-1 计算时段内地形指数与地表产流总量的关系

如图 5-1 所示，横坐标表示分段的地形指数值，需要特别强调的是，为了与 TOPMODEL 模型所采用的地形指数顺序一致，横轴从左至右地形指数逐渐减小；纵坐标表示计算时段内每一段地形指数 TI_i 所对应的逐时段地形产流量之和 Rv_i。设定第一拐点 A 所对应的地形指数值为 TI_A，第二拐点 B 所对应的地形指数值为 TI_B，假定对于用地形指数的空间分布来表达的流域，就可以用 TI_A 和 TI_B 作为临界线进行划分——认为地形指数大于 TI_A 的区域是敏感区，认为地形指数小于 TI_B 的区域是不敏感区。于是假设在 TI_A 和 TI_B 处分别有两个线，将流域划分为三个部分；当地形指数大于等于 TI_A 时，流域是水文敏感的；当地形指数小于等于 TI_B 时，流域是水文不敏感的；介于两者之间的可能具备水文敏感性，并且称 TI_A 处的线为水文敏感线，而 TI_B 处的线为水文不敏感线。由于两个拐点及其所对应的地形指数值的位置是计算时段内多年平均的结果，这两条线又分别称作平均水文敏感线和平均水文不敏感线。在研究流域的水文敏感过程中，主要探讨流域的水文敏感性，并且平均水文敏感线的优先级较低，所以在实际应用过程中，基本上只用平均水文敏感线，平均水文不敏感线用得很少。

5.5　季节性水文敏感线

流域降水年内分配十分不均，通常情况下，夏季的降水量占全年降水总量的比例超过50%，而冬季的降水量不足全年降水量的10%，由于降水量的分配不均，就直接影响到不同季节甚至不同月份的流域地表产流量，其发生位置在年内呈现规律性变化，从而直接引起流域水文敏感区位置与范围发生变化。为了定量衡量流域地表产流概率及水文敏感区位置和范围在年内的变化规律，本节提出季节性水文敏感线的概念。

从年际变化来看，流域降水量及地表产流量在不同年份虽然有所变动，但其年内的变化规律却只有很小的年际差异，也就是说无论平水年、枯水年还是丰水年，流域降水量及地表产流量的年内变化都基本符合夏天多，冬天少的规律。因此在定义季节性水文敏感线时，不考虑年际差异，每个月的月地表产流概率均采用5.3节中给出的多年平均月地表产流概率计算方法。季节性水文敏感线通过以下步骤来定义：

1）假定用$Psat_{i,d}^{j}$代表第j年i月流域第d段地形指数所对应的月地表产流概率，那么针对每一个具体的敏感月份I_0和具体的地形指数段D_0，$Psat_{I_0,D_0}^{j}$将组成一个月地表产流概率序列，这们将得到$I \times D$个序列，其中I为总月份数，D为总地形指数分段数。

2）计算出这$I \times D$个序列的1/4分位数和2/4分位数，针对每一个具体月份I_0，取其所有地形指数的1/4分位数组成一个序列T，如果所有的1/4分位数均为0，则取2/4分位数。

3）设定序列T的顺序与地形指数分段的顺序一致并与地形指数一一对应，将该序列按从大到小进行排列，取该序列当中值不为0的最后一个数所对应的地形指数为临界值，称该值为所分析月份的季节性水文敏感点，当地形指数大于该临界值时，属于季节性水文敏感范围，当地形指数小于该临界值时，属于季节性水文不敏感范围。

4）连接各敏感性月份的季节性临界敏感点所得的曲线即为季节性水文敏感线。

5.6 水文敏感区范围的界定

为了直观地分析流域内水文敏感区在空间上和时间上的敏感范围，以月份作横坐标，地形指数值作纵坐标建立二维时空坐标系，该坐标平面内任意一点的位置及状态表示流域内该点在对应时间上的水文敏感情况，如图5-2所示。这样，由平均水文敏感线、季节性水文敏感线以及边界月份敏感线可对二维时空坐标中水文敏感区以及季节性水文敏感区的范围进行界定，其中，优先级次序为：敏感月份分界线＞季节性水文敏感线＞平均水文敏感线。

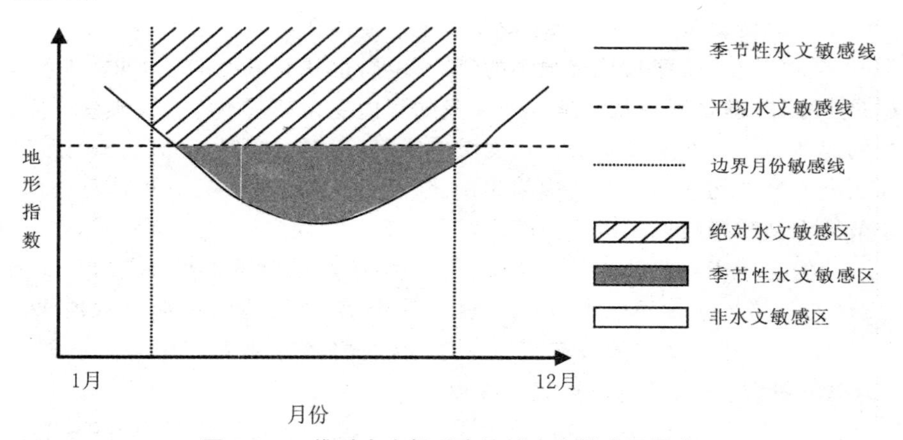

图5-2　二维时空坐标系中流域水文敏感区界定

第6章 基于TOPMODEL的水文敏感区识别

流域水文敏感区识别的关键在于确定流域地表产流量的大小及空间分布，从而由月降雨天数与月地表产流天数确定月地形产流概率，进一步得到流域的水文敏感线和水文敏感区范围。为了验证所建立的水文敏感区识别理论的有效性，以梅山水库集水区域作为典型流域，采用几何锥面内切圆算法计算地形指数，并将地形指数划分为100段，结合流域水文模拟结果，从时间尺度和空间尺度对典型流域的水文敏感区范围进行界定。

6.1 流域概况

梅山水库位于淮河流域史河上游，处于季风气候区，属于典型的湿润流域。整个集水区介于115°21′～115°56′E，31°9′～31°45′N之间，东与淠河西源为邻，西与灌河隔岭为界，南源于大别山北麓，北距史河入淮口130km，流域集水面积1970km^2，占整个史河流域总面积的28.6%。流域内主要支流有竹根河、白沙河、麻河、白水河等11条山区性河流[81]。受季风的影响，流域全年降水量有60%～70%集中在5～9月，洪水多发生在6月下旬至7月中旬，是典型的汛期洪水。

流域内有一座连拱坝大型水库——梅山水库，水库按500年一遇洪水设计，5000年一遇洪水校核，设计洪水位137.66m，校核洪水位139.93m，正常蓄水位128.0m，汛限水位125.27m，死水位94m，水库平均水深25m，正常蓄水位面积57.84km^2，最大蓄水面积92.29km^2[82]，总库容22.64亿立方米，兴利库容9.57亿立方米，死库容1.26亿立方米，为年调节水库。

流域内有雨量站点21个，其中12个为汛期站，为了便于长时间序列的研究，选取9个非汛期站作为降水数据的来源，各降雨站点在流域内的空间分布如图6-1所示。为便于比较和考虑同步资料的获取，选取1978～1987年的降水径流进行对比研究。降水、蒸发流量数据均采用日平均数据。日平均降水数据采用泰森多边形进行计算，如图6-1所示，水库的日平均入库流量能过水库坝下流量、坝上水位及水库的水位——库容曲线反推获得。

由于研究区面积不大，流域日平均蒸发数据由梅山站的蒸发数据而来。流域内所有雨量站点的日平均降水、日平均蒸发量、梅山水库坝下日平均流量以及梅山水库坝上水位资料均取自水文年鉴。

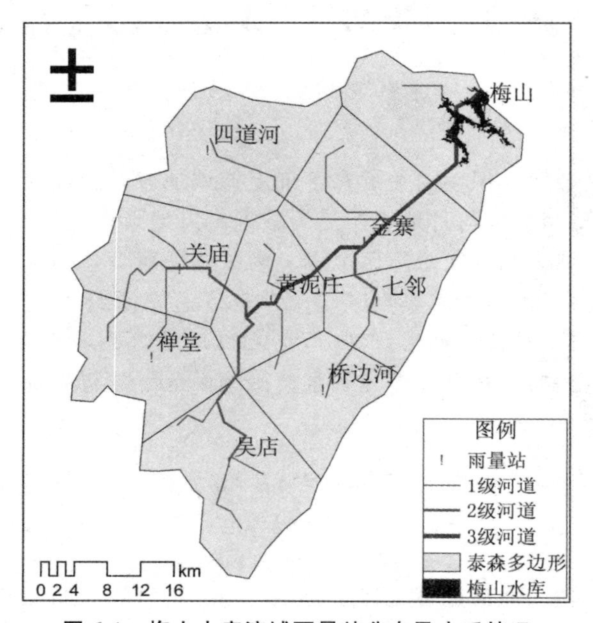

图 6-1　梅山水库流域雨量站分布及水系情况

从梅山水库流域 1978～1987 年日平均降雨和水库入库径流过程线及日平均蒸发过程线(图 6-2)可以看出，梅山水库流域每年 5～9 月降雨较为集中，降雨与径流过程具有明显的汛期与非汛期特征。其中，1980 年与 1986 年最大日平均流量分别为 2728.93m^3/s 和 3571.24m^3/s，与之相应的最大日平均降雨量达到 206.49mm 和 256.02mm，分别属于大暴雨和特大暴雨。考虑到降雨洪水过程的完整性和代表性，模型率定期取 1978 年 1 月 1 日～1983 年 12 月 31 日，验证期为 1984 年 1 月 1 日～1987 年 12 月 31 日。其中 1978 年 1 月 1 日～1978 年 1 月 31 日以及 1984 年 1 月 1 日～1984 年 1 月 31 日为预热期，其模拟结果不参与模拟指标的计算。

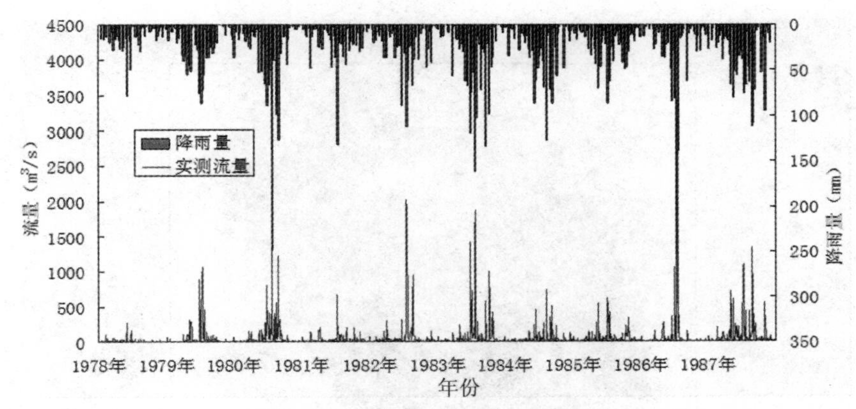

图 6-2　梅山水库降雨径流过程线

研究区的日蒸发量过程线如图 6-3 所示，多年年平均蒸发量为 1065.7mm，除 1978 年蒸发量较大（1200.2mm）及 1982 年蒸发量较小（839.3mm）以外，其他年份的蒸发量较均匀，近似等于多年平均蒸发量 1065.7mm。

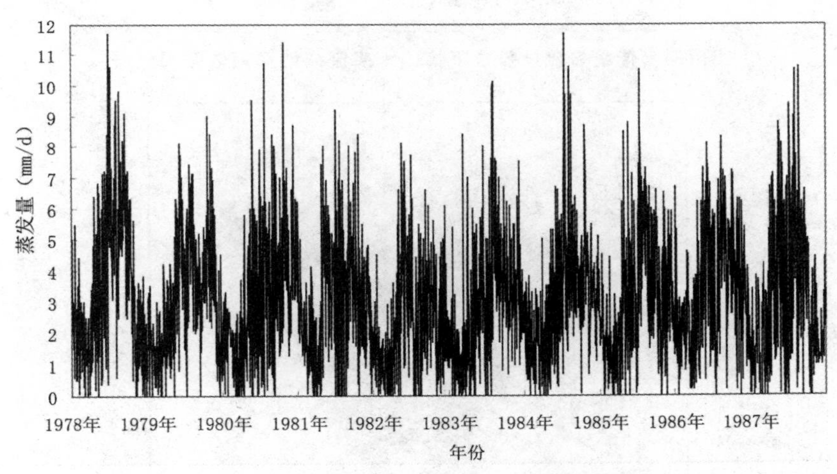

图 6-3　梅山水库流域 1978～1987 年日蒸发数据过程线

6.2　算例构建

TOPMODEL 模型是基于地形指数的半分布式水文模型，而地形指数的计算建立在数字高程模型（DEM）基础上的，本章所采用的 DEM 数据为 1km 分辨率[118]，地形指数的计算采用了传统多流向算法与改进的多流向算法——几何锥面内切圆算法，用这两种算法计算得到了两个典型流域的地形指数,如图 6-4 和图 6-5 所示。

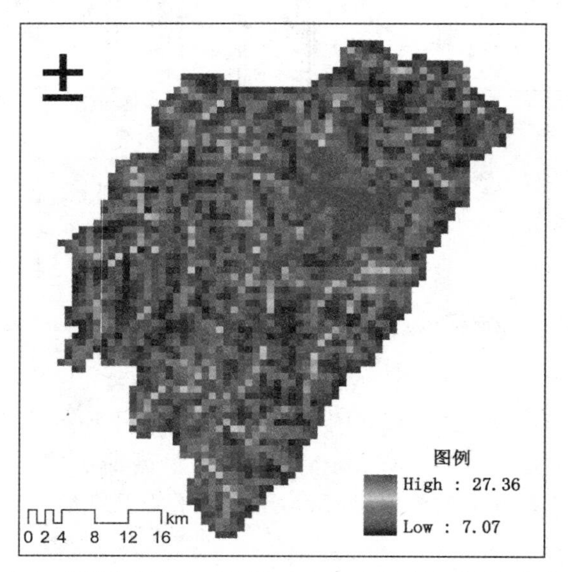

图 6-4 传统多流向算法下梅山水库流域地形指数空间分布

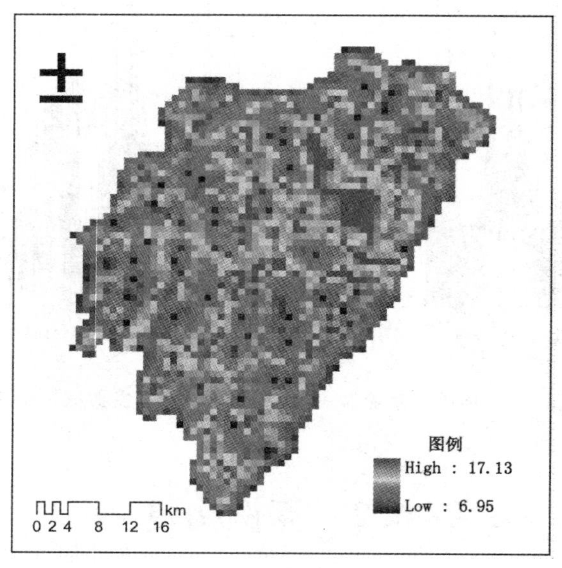

图 6-5 几何锥面内切圆算法下梅山水库流域地形指数空间分布

不难看出,地形指数较高的地方集中在河道单元或临近河道的地方,为了进一步显示传统多流向算法与几何锥面内切圆算法之间的差异,表 6-1对典型流域不同算法下的地形指数指标进行了统计。

表 6-1　不同算法下梅山水库流域地形指数指标统计

算法	最小值	最大值	平均值	方差	标准差
传统多流向算法	7.07	27.36	11.92	21.85	4.67
几何锥面内切圆算法	6.95	17.13	10.73	2.93	1.71
差值	0.12	10.23	1.19	18.92	2.96

传统多流向算法与几何锥面内切圆算法在同一流域差别较大，而对于不同流域，两个算法却存在很多相似之处。首先，针对同一流域，传统多流向算法的所有统计指标（包括最小值、最大值、平均值、方差以及标准差）都较几何锥面内切圆算法要大，其中最小值和平均值的差距相对较小。其次，针对不同流域，所有指标的的差值（包括最小值、最大值、平均值、方差以及标准差）都比较接近，说明这两种算法在不同流域的计算结果具有稳定性。

由于 TOPMODEL 认为具有相同或者相似地形指数的单元具有相似的水文响应，因此，利用地形指数驱动 TOPMODEL 模型时，需要将地形指数进行分段处理，这样可以提高模型的运行效率。通常情况下将地形指数分为 25 段，在本章的研究当中，为了排除不同地形指数分段对于模型模拟结果的影响，增加了 50 段和 100 段两个更精细的分段方式，分析在更细致的地形指数分段情况下 TOPMODEL 模型对于水文过程的模拟能力是否有改进。各不同分段的地形指数-面积比例曲线如图 6-6 所示。

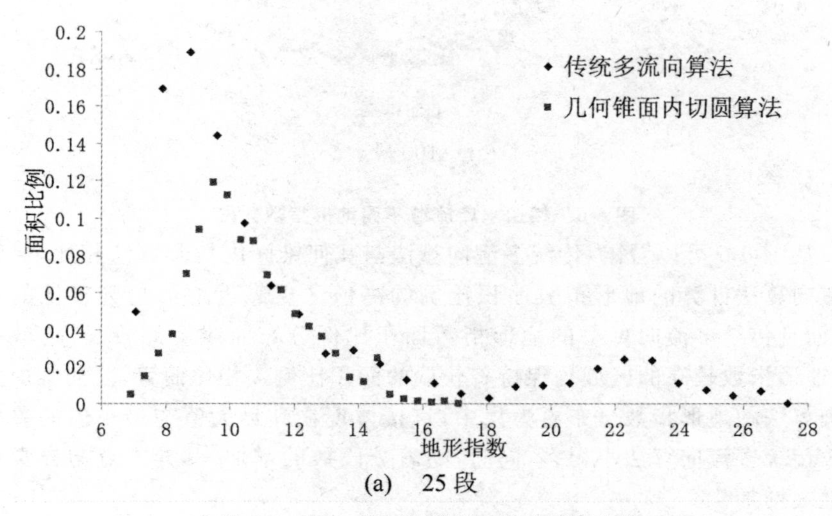

(a)　25 段

图 6-6　梅山水库流域不同地形指数分段

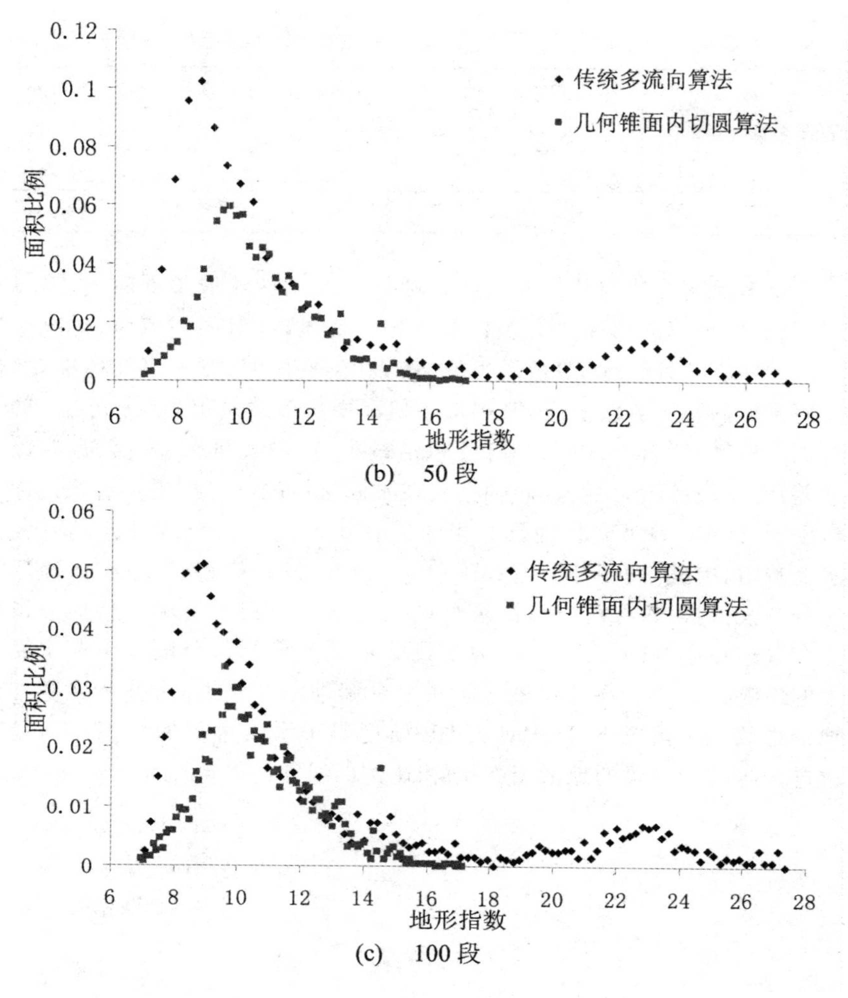

(b) 50段

(c) 100段

图 6-6 梅山水库流域不同地形指数分段

从图 6-6 可以看出，传统多流向算法与几何锥面内切圆算法相比，传统多流向算法计算的地形指数面积比例的高值区更靠近地形指数较低的地方，而且传统多流向算法的地形指数面积比例分布曲线尾部较长，也就是说，地形指数较高的区域均保持着较低的面积比例。相比而言，几何锥面内切圆算法的地形指数分布更为集中，直接体现在其最大值与最小值的差要远较传统多流向算法小得多，同时，随着分段数的增加，其异常点与异常值也随之增加。

6.3 参数率定

TOPMODEL模型运行所需要的参数主要有12个，分别是流域面积、指数传导系数、有效饱和渗透率、不饱和带时间延迟、河网汇流有效速率、坡地汇流有效速率、根带持水通量、初始流量、初始饱和缺水量、地表水力传导度、湿锋吸入量值、湿的含水量变化。

在TOPMODEL模型的所有参数当中，其中敏感参数主要有5个，分别是指数衰减速率SZM、有效下渗率T0、坡面汇流有效速率RV、根带最大蓄水能力SRMAX以及初始饱和缺水量SR0，模型的参数率定也是针对这5个参数来进行的，其率定过程如下：

1)首先根据前人的研究，对5个敏感参数的上下限范围进行设定，作为参数的第一次变域范围；

2)然后采用蒙特卡罗随机法和拉丁超立方法在每一个敏感参数的变域范围内进行随机抽样，每一次抽样作为一个参数组；

3)将每一个参数组代入模型进行计算，得到该参数组所对应的确定性系数、径流深误差等模拟效果判断指标；

4)当抽样次数达到预设值后，分析最佳N组结果的参数值与其对应确定性系数、径流深误差等的分布情况，确定出每一个参数的敏感范围，作为该参数的第二次变域范围；

5)重复步骤2)～步骤4)，直至最优N组结果的确定性系数相差小于阈值时结束率定过程。

6.3.1 不同地形指数算法模拟结果对比分析

利用梅山水库流域的降水、蒸发、流量等水文气象资料以及传统多流向算法与几何锥面内切圆算法计算的地形指数驱动TOPMODEL日模型，为了提高模型运行效率，在本节的研究当中，地形指数分段数均采用25段。通过蒙特卡罗与拉丁超立方两种随机抽样方法和变域递减相结合的参数自动优选方法对构建的模型进行自动率定，得到结果如下：

针对梅山水库流域，在不同地形指数算法情况下，模型参数率定优选出的参数组合如表6-2所示，模型模拟的水库入库流量过程线的确定性系数和径流深误差如表6-3所示。

表 6-2　不同地形指数算法下梅山水库流域率定所得的最佳参数组

不同地形指数算法	根带最大蓄水能力 SRMAX	初始饱和缺水量 SR0	指数衰减速率 SZM	有效下渗率 T0	坡面汇流有效速率 RV
传统多流向算法	0.0549	0.0126	0.0260	3.69	2519.1
几何锥面内切圆算法	0.0549	0.0112	0.0155	3.02	2081.2

表 6-3　不同地形指数算法下梅山水库流域的模拟结果指标

不同地形指数算法	率定期(1978～1983)		验证期(1984～1987)	
	径流深误差	确定性系数	径流深误差	确定性系数
传统多流向算法	−2.72%	89.2%	3.79%	88.0%
几何锥面内切圆算法	−2.66%	89.2%	3.75%	88.1%

从表 6-2 和表 6-3 可以看出，不同地形指数算法下模型率定的参数相差不大，尤其是根带最大蓄水能力 SRMAX 与初始饱和缺水量 SR0，另外的三个参数略微有些差别。从模拟的结果来看，无论是率定期还是验证期，传统多流向算法与几何锥面内切圆算法对于梅山水库的入库流量模拟结果都比较好，确定性系数均大于 85%，径流深误差则均小于 5%。就不同的地形指数算法来看，无论是率定期还是验证期，也无论是径流深误差还是确定性系数，几何锥面内切圆算法的结果要优于传统多流向算法，不过这种差别在模拟结果都比较好的情况下不是很明显。

率定期和验证期内不同地形指数算法模拟的梅山水库入库流量与实测入库流量的对比如图 6-7 所示，为了更加直观地显示模拟结果与实测结果的对比，将不同地形指数算法下的模拟入库流量进行逐时段相加，得到入库累积流量过程线，并与实测入库累积流量过程线进行对比，这样更容易发现模型在模拟过程中对总量的控制能力，其过程线如图 6-8 所示。

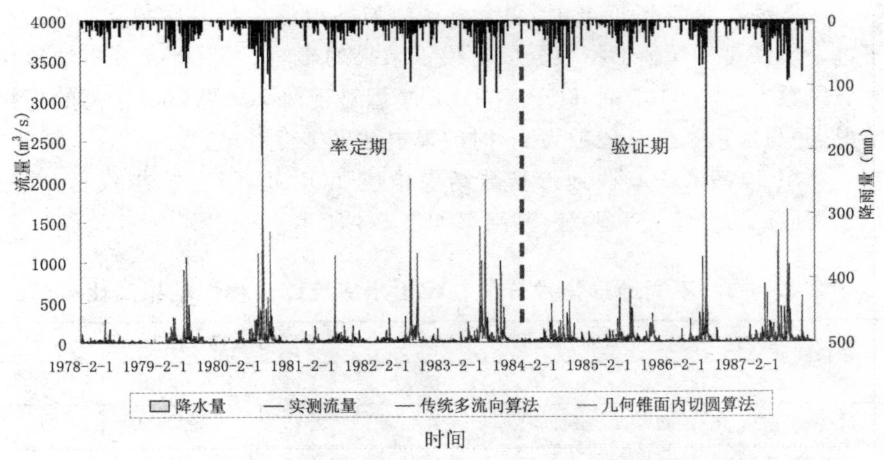

图 6-7　不同地形指数算法下梅山水库模拟流量与实测流量过程对比图

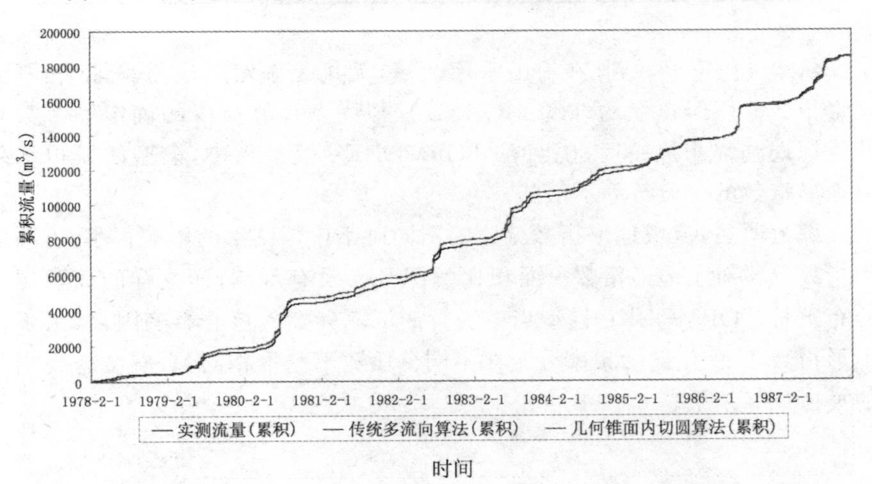

图 6-8　不同地形指数算法下梅山水库模拟累积流量与实测累积流量过程对比图

6.3.2　不同地形指数分段模拟结果对比分析

在上一节中探讨了不同地形指数算法下 TOPMODEL 对梅山水库流域及黄河源区的径流模拟能力。结果表明，几何锥面内切圆算法凭借其更加合理的有效等高线长度和单位等高线汇流面积的计算方法以及对异常栅格的处理功能，使得其计算的地形指数在 TOPMODEL 模型的实际应用中表现得更优越。因而在本节的研究中，即采用几何锥面内切圆算法进行地形指数的计算。

在上面的计算讨论当中，两个典型流域的地形指数分段数均为25，为了进一步探讨不同地形指数分段对模拟结果的影响，下面补充分析地形指数分段数为50和100时TOPMODEL模型对于两个典型流域径流的模拟情况，并与地形指数分段数为25时的模拟结果进行对比。

利用50段和100段地形指数结果构建TOPMODEL模拟模型，并进行了相应的参数率定和验证，其结果如表6-4所示。

表6-4　不同地形指数分段在梅山水库流域的模拟结果对比

模拟结果	率定期			验证期		
	25段	50段	100段	25段	50段	100段
径流深误差	−2.66%	−2.64%	−2.63%	3.75%	3.77%	3.77%
确定性系数	89.2%	89.1%	89.1%	88.1%	88.0%	88.0%

从表6-4可以看到，在梅山水库流域，无论是率定期还是验证期，不同地形指数分段所建立的TOPMODEL模拟模型计算所得的确定性系数和径流深误差都非常接近，说明在TOPMODEL模型当中，模型的模拟结果对地形指数的分段数并不敏感。

综上所述，流域地形指数分段的不同对于模拟结果的影响很小，不同地形指数分段对于地形指数—面积比例图几乎没有影响；而这样的面积频率分布则是TOPMODEL模型当中进行产汇流计算的核心影响因素，由于该地形指数-面积比例的频率分布在不同分段数下基本相同，自然会得到相似的模拟计算结果。

6.4　典型流域地表产流及平均水文敏感线

在构建流域的TOPMODEL模型过程中，增加了TOPMODEL模型的地表产流输出模块，使其能输出流域内地表径流产流位置和产流强度的实时空间变化，从而增强TOPMODEL对于流域地表产流的空间表现能力。

由于不同地形指数分段对于模拟结果几乎没影响，所以为了图形显示的清晰，以下选择将地形指数分为100段的模拟结果进行分析，同时由于地表径流产流量随时间及降水量的不同变化较大，为了更好地体现同一时段内地表产流量的空间差异，每一时段采用独立的图例。

图6-9为梅山水库地表产流位置与产流强度的4个示例，它们代表的

时段分别为 1979 年 4 月 23 日、1979 年 6 月 25 日、1981 年 7 月 10 日、1982 年 8 月 25 日。

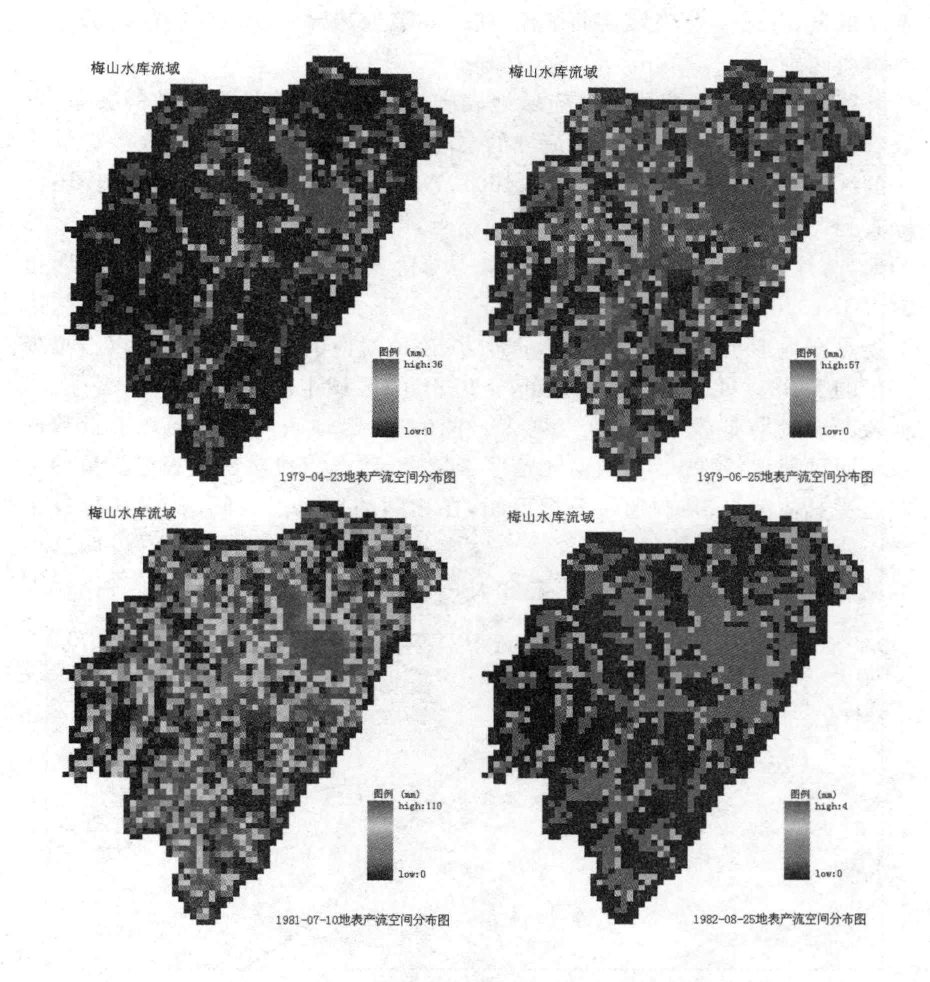

图 6-9　梅山水库流域地表产流空间分布示例

由图 6-9 可以看出，地表径流主要发生在地形指数较大的地区，与地形指数的空间分布一致。这些地区的地形指数较高，从土壤水运动的角度来看，这些地区具有较高的径流累积趋势，土壤中的相对缺水量较小，在发生降雨时产生地表径流的可能性就更大。

为了研究流域地表产流量与地形指数的关系，可将研究时段内每一地形指数分段对应区域上的地表产流量分别进行累加，再按地形指数从大到小进行排序，从而绘制流域地表产流总量随地形指数空间变化的相关关系曲线。以率定期为例，其中总降雨量表示在率定期内流域面上降雨的时段累加值，而每个分段内的地形指数所对应的地表总产流量即为率定期内该段地形指数所对应的空间区域上发生的地表产流的时段累加值，该值仅表示产流量，并未参与流域坡面汇流，所以与流域出口断面径流中的径流量有着本质区别。

图 6-10 显示了梅山水库流域地表产流总量与相应地形指数的关系，可以看到，在率定期内梅山水库流域的总降雨量为 8566.7mm，地表产流量最大的区域上产生的地表径流量为 4601.7mm，占总降雨量的 53.7%。还可以看到，该关系曲线具有两个明显的拐点，第一拐点在地形指数约为 13.02 的地方，该值所对应的地表产流总量占总降雨量的 45.3%，说明在地形指数大于 13.02 的区域上更容易产生地表径流，而且地表产流量均较大。第二拐点在地形指数值约为 9.21 的地方，该值对应的地表产流总量仅占总降雨量的 5.6%，说明在地形指数小于 9.21 的区域上不容易产生地表径流，地表产流量均非常小。而介于两者之间的区域，地表产流量随地形指数的减小而迅速地线性减小，说明在这些区域上，地形指数对于地表产流量的影响还受其他因素影响，通过分析得知，在相同的地形指数区域上(这里仅指介于两拐点之间的区域)，不同季节发生的地表产流量相差较大，说明这些区域的地表产流量受季节的影响较大。

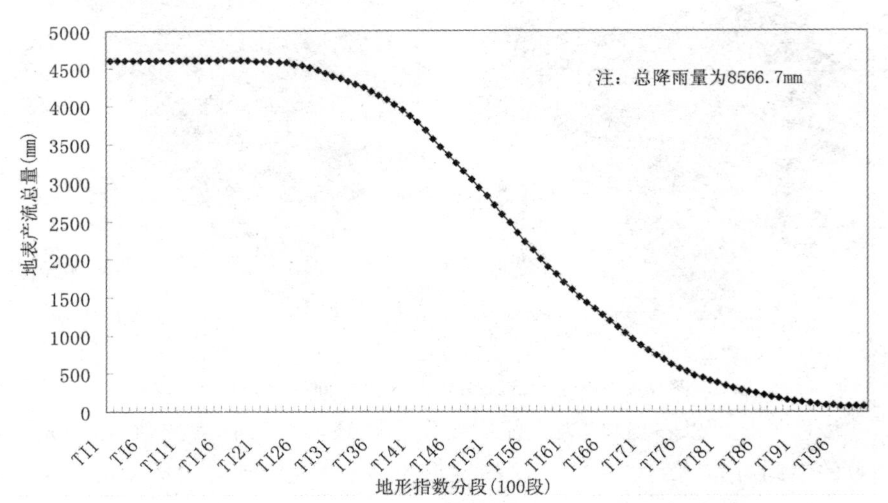

图 6-10　率定期内梅山水库流域地表产流总量与相应地形指数的关系

根据流域平均水文敏感线的定义可知，梅山水库流域的平均水文敏感线为地形指数等于 13.02 处的一条假想线。

6.5　典型流域月地表产流概率及季节性水文敏感线

利用公式计算得到梅山水库流域每年每月每段地形指数的月地表产流概率(图 6-11 所示为部分结果)。

地形指数 / 产流概率 / 日期	TI24	TI25	TI26	TI27	TI28	TI29	TI30	TI31	TI32	TI33	TI34	TI35	TI36	TI37	TI38	TI39
#1980-1#	0.27	0.27	0.27	0.27	0.27	0	0	0	0	0	0	0	0	0	0	0
#1980-2#	0	0	0	0	0	0	0	0	0	0	0	0	0	0	0	0
#1980-3#	0.48	0.48	0.48	0.4	0.4	0.36	0.32	0.28	0.28	0.28	0.24	0.24	0.24	0.24	0.24	0.2
#1980-4#	0.08	0.08	0.08	0.08	0.08	0.08	0.08	0.08	0.08	0.08	0.08	0.08	0.08	0.08	0.08	0.08
#1980-5#	0.46	0.46	0.46	0.46	0.46	0.46	0.46	0.46	0.46	0.46	0.46	0.46	0.38	0.38	0.38	0.38
#1980-6#	0.55	0.55	0.55	0.55	0.55	0.55	0.55	0.55	0.55	0.55	0.55	0.55	0.55	0.55	0.55	0.55
#1980-7#	0.36	0.36	0.36	0.36	0.36	0.36	0.36	0.36	0.36	0.36	0.36	0.36	0.36	0.36	0.36	0.36
#1980-8#	0.57	0.57	0.57	0.57	0.57	0.57	0.57	0.57	0.57	0.57	0.57	0.57	0.57	0.57	0.57	0.57
#1980-9#	0.29	0.29	0.29	0.29	0.29	0.29	0.29	0.29	0.29	0.29	0.29	0.29	0.29	0.29	0.29	0.29
#1980-10#	0.09	0.09	0.09	0.09	0.09	0.09	0.09	0.09	0.09	0.09	0.09	0.09	0.09	0.05	0	0
#1980-11#	0	0	0	0	0	0	0	0	0	0	0	0	0	0	0	0
#1980-12#	0	0	0	0	0	0	0	0	0	0	0	0	0	0	0	0
#1981-1#	0	0	0	0	0	0	0	0	0	0	0	0	0	0	0	0
#1981-2#	0.31	0.31	0.31	0.31	0.31	0.31	0.31	0.31	0.31	0.15	0.15	0	0	0	0	0
#1981-3#	0.24	0.24	0.24	0.24	0.24	0.24	0.24	0.24	0.12	0.06	0.06	0.06	0.06	0.06	0	0
#1981-4#	0.59	0.59	0.59	0.59	0.59	0.59	0.59	0.59	0.59	0.59	0.59	0.59	0.59	0.59	0.59	0.59
#1981-5#	0	0	0	0	0	0	0	0	0	0	0	0	0	0	0	0
#1981-6#	0.17	0.17	0.17	0.17	0.17	0.17	0.17	0.17	0.17	0.08	0.08	0	0	0	0	0
#1981-7#	0.22	0.22	0.22	0.22	0.22	0.22	0.22	0.22	0.22	0.22	0.22	0.17	0.17	0.17	0.13	0.13
#1981-8#	0.39	0.39	0.39	0.39	0.39	0.39	0.39	0.39	0.39	0.39	0.39	0.39	0.39	0.39	0.39	0.39
#1981-9#	0.21	0.21	0.21	0.21	0.21	0.21	0.21	0.21	0.21	0.21	0.21	0.21	0.21	0.21	0.21	0.21
#1981-10#	0.5	0.5	0.5	0.5	0.5	0.5	0.5	0.5	0.5	0.5	0.5	0.5	0.5	0.5	0.5	0.5
#1981-11#	0.13	0.13	0.13	0.13	0.13	0.13	0.13	0.13	0.13	0.13	0.13	0.13	0.13	0.13	0.13	0.13
#1981-12#	0	0	0	0	0	0	0	0	0	0	0	0	0	0	0	0
#1982-1#	0	0	0	0	0	0	0	0	0	0	0	0	0	0	0	0
#1982-2#	0.35	0.35	0.35	0.29	0.29	0.24	0.12	0	0	0	0	0	0	0	0	0
#1982-3#	0.57	0.57	0.57	0.57	0.57	0.57	0.57	0.57	0.57	0.52	0.52	0.38	0.38	0.33	0.33	0.33
#1982-4#	0.31	0.31	0.31	0.31	0.31	0.31	0.31	0.31	0.31	0.31	0.31	0.31	0.31	0.31	0.31	0.31
#1982-5#	0.17	0.17	0.17	0.17	0.17	0.17	0.17	0.17	0.17	0.17	0.17	0.17	0	0	0	0
#1982-6#	0.12	0.12	0.12	0.12	0.12	0.12	0.12	0.12	0.12	0.12	0.12	0.12	0.12	0.12	0.12	0.12
#1982-7#	0.61	0.61	0.61	0.61	0.61	0.61	0.61	0.61	0.61	0.61	0.61	0.61	0.61	0.61	0.61	0.57
#1982-8#	0.57	0.57	0.57	0.57	0.57	0.57	0.57	0.57	0.57	0.57	0.57	0.57	0.57	0.57	0.57	0.57

图 6-11　梅山水库流域月地表产流概率计算示例

从图 6-11 可以看到,梅山水库流域在 11 月、12 月以及 1 月的地表产流概率几乎为 0,而在夏季月份的地表产流概率都比较大;当地形指数小于某个阈值时,地表产流概率会逐渐减小至 0,这两个特征都是由半湿润半干旱地区的气候气象条件以及下垫面土壤等所直接决定的。

为了更直观地显示地表产流概率在流域面上的空间分布及大小变化,根据地形指数的分段及其在空间上的分布,依次将这些计算所得的地表的流概率逐一放置在流域面上,结果如图 6-12 所示(部分示例图)。

在地表产流量与地形指数的相关关系曲线中,第一拐点与第二拐点之间的区域在年内不同月份的变化较大。为了具体分析这种影响在年内不同月份的具体表现,同时也为了探讨月地表产流概率在年内的变化规律,分别对不同地形指数在不同年份当中同一月份的月地表产流概率取平均值,得到一组年内不同月份月地表产流概率随地形指数变化而变化的数据值,如图 6-13 所示。

图 6-13 显示了梅山水库流域月地表产流概率的年内分布及其随地形指数的变化规律。从月地表产流概率的大小来看,梅山水库流域在 3～8 月具有较高的月地表产流概率,2 月、9 月和 10 月月地表产流概率次之,而 1 月、11 月和 12 月的月地表产流概率较小。从流域地表产流发生的位置来

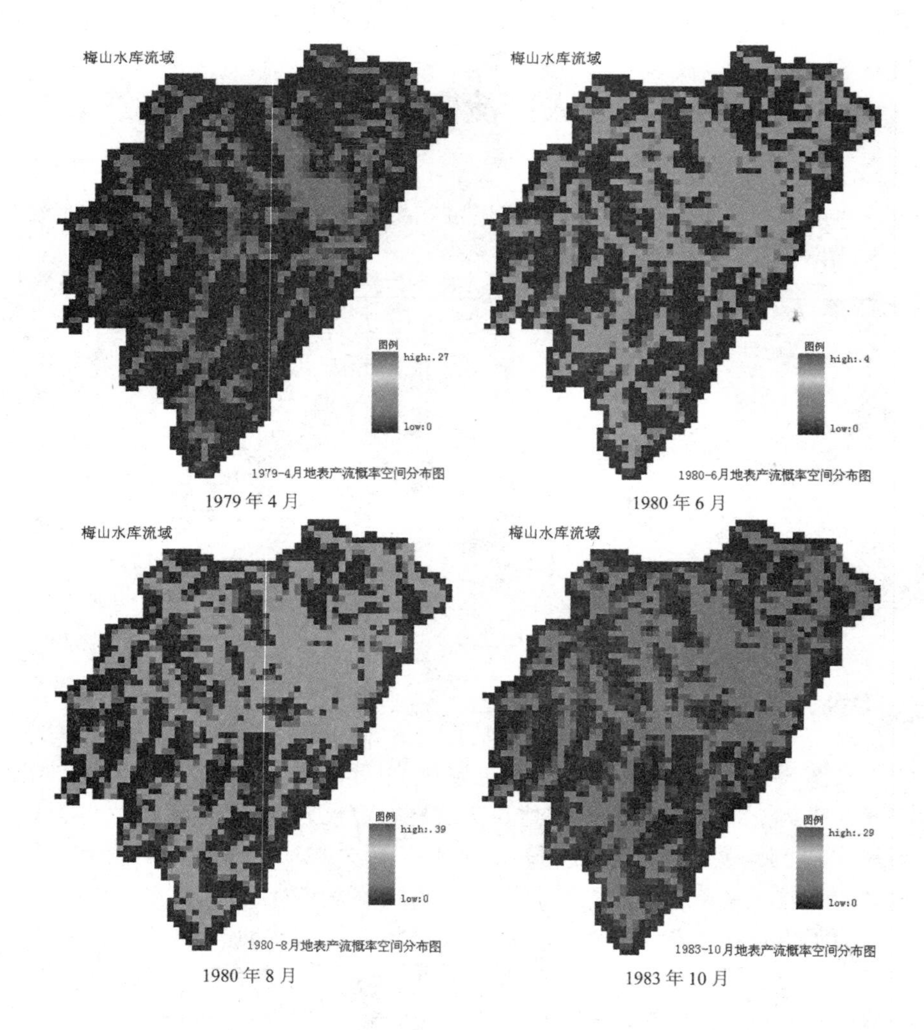

图 6-12　梅山水库流域地表产流概率空间分布示例图

看，总体上当地形指数值大于13时，流域上各点的月地表产流概率将趋近一个常数，而当地形指数值小于9.5时(7月份除外)，流域上各点的月地表产流概率将趋近于0，这一结论与前一节中的结论基本一致。同时结合时间尺度与空间尺度来看，7月份的空间产流范围面积最大，几乎达到了全流域产流，其次是6月和8月，值得注意的是2月份和3月份，在这两个月内，流域的地表产流位置及产流概率对于地形指数是相当敏感的，当地形指数小于某临界值时，月地表产流一直保持较低的产流概率，而当地形指数接近该临界值时，产流概率将迅速增加并达到稳定。

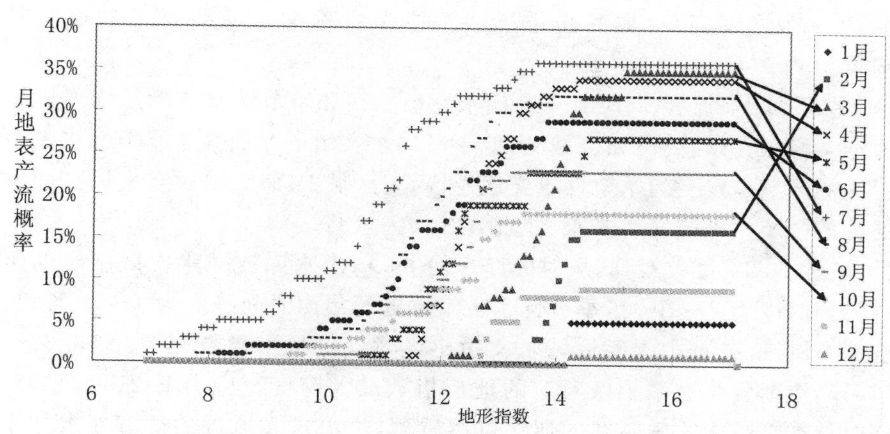

图 6-13　梅山水库流域产流概率与地形指数关系及其年内分布

为了获得流域的边界月份敏感线，取梅山水库流域的最大地形指数，然后计算其每个月所对应的多年月地表产流概率的平均值，结果如表 6-5 所示。根据对流域边界月份敏感线的定义可知，梅山水库流域的不敏感月份为 1 月、11 月和 12 月，敏感月份从 2 月一直到 10 月。

表 6-5　典型流域逐月最大地形指数所对应的月地表产流概率

月份	1	2	3	4	5	6	7	8	9	10	11	12
梅山水库	0.05	0.16	0.35	0.34	0.27	0.29	0.36	0.32	0.23	0.18	0.09	0.01

有上述结果，根据对季节性水文敏感线的定义，可求得梅山水库流域各敏感月份的临界水文敏感点如表 6-6 所示。

表 6-6　典型流域敏感月份临界水文敏感点

月份	2	3	4	5	6	7	8	9	10
梅山水库	14.05	13.33	12.2	12.5	12.09	9.21	12.5	12.5	12.33

6.6　典型流域水文敏感区范围的生成

以月份为横坐标，以地形指数为纵坐标，建立二维的时空坐标系统，利用上面生成的平均水文敏感线、季节性水文敏感线以及边界敏感月份可对二维时空坐标系进行水文敏感区以及季节性水文敏感区的范围界定。其中，优先级次序为：边界月份敏感线＞季节性水文敏感线＞平均水文敏感线。

如图6-14所示，同时大于平均水文敏感线和季节性水文敏感线的区域被定义为水文敏感区，如区域A；低于平均水文敏感线而高于季节性水文敏感线的区域被定义为季节性水文敏感区，如区域B；而二维时空坐标平面内的其他区域则被定义为非水文敏感区，如区域C。

从图6-14可以看到，从时间跨度分析，梅山水库流域水文敏感区的年内时间跨度为2～10月，季节性水文敏感区的年内时间跨度为4～10月；从空间范围来看，梅山水库流域水文敏感区对应的地形指数范围为13.02～17.13，季节性水文敏感区对应的地形指数最大跨度范围为9.21～14.05。同时从季节性水文敏感线的形状可以看到，梅山水库流域的季节性水文敏感线要变化较大，说明梅山水库流域季节性水文敏感区对于季节的敏感性比较高，尤其是6～8月，梅山水库流域在这三个月季节性敏感区域的空间范围要较其他月份大得多。

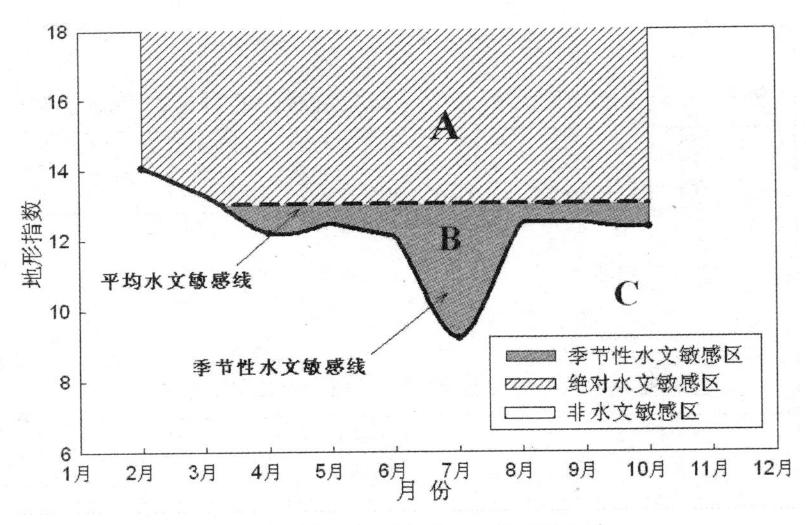

图6-14 梅山水库流域水文敏感区界定

6.7 本章小结

本章以半分布式水文模型TOPMODEL为基础，充分利用TOPMODEL中地貌单位线对地形的把握和描述能力，构建了基于地形指数和TOPMODEL模型的流域水文敏感区定位识别理论体系。在流域地表产流概率计算的基础上，对流域边界月份敏感线、平均水文敏感线、季节性水文敏感线等概念进行了研究，并建立了表达流域时间尺度和空间尺度范围的二维时空坐标系，然后在该坐标系中对流域不同的时间尺度和空间尺度范围进行了水文敏感区的界定和定量描述。

第7章　平原区分布式土壤墒情模型

墒情预报是农田用水和区域水资源管理的一项基础工作,对农田灌溉排水的合理实施和提高水资源的利用率等有重要作用。墒情预报主要是田间土壤含水率的预报。以节水为目标的土壤水调节,就是要使灌溉既能满足土壤水向根系活动层的及时供应,又不产生深层渗漏造成灌水的浪费,还要尽量减少地表无效蒸发和提高土壤储水向蒸腾耗水的转化效率。

7.1　模型构建

模型的主要技术包括作物需水量的短期预报模型;土壤垂向水分运动的数学描述;土壤含水率的逐日递推模型;灌水的数值模拟等技术;作物冠层截留的模拟等,简要介绍如下。

7.1.1　作物需水量的短期预报

在分析预测灌区灌溉需水量或制订灌溉用水计划、水量分配计划时,作物蒸发蒸腾量的预测是最基本、最重要的内容之一。只有在作物蒸发蒸腾量预测的基础上,再考虑降水、地下水补给等因素,才能进行灌溉预报。根据不同的要求,可以有作物蒸发蒸腾量的长期预报(全生育期)、中期预报(月、旬)和短期预报(10d 以内)。对于中长期预报,一般采用两种方法:一是根据实测资料分析,先预测下一年的水文年份,再查找与预测年份水文频率相近的某一实测年份,将该年不同的作物蒸发蒸腾量值作为预测年份相应时段的预测值;二是线性回归预测法,先根据中长期水文气象预报,预测未来的气象因素,再依据作物蒸发蒸腾量与某一个(或某几个)气象因素的线性关系,认为他们在未来时段内将继续服从或近似服从这一规律,从而得到预测的作物蒸发蒸腾量值。由于第一种方法完全照搬某一实际年份的作物蒸发蒸腾量资料,理论上不严密,实践中也不可能,故中长期作物蒸发蒸腾量预测应采用第二种方法。对于短期作物蒸发蒸腾量预测,过去也有采用回归技术预测或指数平滑预测技术。随着计算机技术的广泛应用,完全可以利用动态信息,进行实时预测。

中长期作物蒸发蒸腾量预测值一般只能作为规划或中长期用水管理的依据。灌溉管理实践中,更重要的是进行短期作物蒸发蒸腾量预测,以充分利用田间水分状况、作物生长状况、天气条件等实时动态信息,为计划用水或节水灌溉条件下的灌溉管理及某一次灌水是否为水量最优分配提供依据。由于线性回归预测不能考虑或很难考虑农田土壤水分亏缺的动态以及作物植株对蒸发蒸腾量的影响,因此作物蒸发蒸腾量实时预报具有不可替代的作用。

作物蒸发蒸腾量实时预报可采用下式作为基本模型:

$$ET_i = ET_{0i} \cdot K_{ci} \cdot K_{si} \tag{7-1}$$

式中,ET_i 为第 i 天作物蒸发蒸腾量,单位 mm/d;ET_{0i}为第 i 天参考作物蒸发蒸腾量,单位 mm/d;K_{ci} 为第 i 天作物系数;K_{si} 为第 i 天土壤水分修正系数。

1)灌区参考作物蒸发蒸腾量 ET_{0i}已由相关方法确定。

2)正常灌溉条件下,作物系数取决于叶气孔的数目及开度、植株叶面对棵间蒸发的影响,这些因素均与叶面积指数有关。但由于叶面积指数 LAI_i 的测定十分复杂,资料有限,故常采用绿叶覆盖百分率来代替叶面积指数,不仅精度可满足要求,而且实用性强。在非充分灌溉条件下,受旱期间叶面积增长受阻、叶气孔开度减小、扩散阻力增大、根系吸水困难、作物蒸腾受抑制;恢复灌水后,叶面积增长加速、叶气孔开度加大、扩散阻力减小、作物蒸腾活跃。根据国内外多个灌溉试验站试验资料的研究结果表明,上述三种情况下的作物系数为:

$$\begin{cases} a+b\cdot CC^n & \text{受旱之前} \\ (a+b\cdot CC^n)\cdot e^{-kN} & \text{受旱期间} \\ (a+b\cdot CC^n)\cdot \dfrac{\ln\left(100+\dfrac{D_d\theta_m}{3N_m}\right)}{\ln 100} & \text{受旱恢复灌水以后} \end{cases} \tag{7-2}$$

式中,a、b 为与作物品种有关的常数和系数,对于冬小麦为 0.8~0.9、$5\times10^{-6}\sim7.5\times10^{-6}$,夏玉米 0.3~0.35、$2.56\times10^{-5}\sim3\times10^{-5}$;$n$ 是经验指数,水稻和旱作物均取 2.2~2.3;k 是经验指数,取为 0.005;N 是作物开始受旱后的天数;D_d 是受旱复水后的天数;θ_m 是作物受旱处理过程中含水率达到的下限,对于旱作物,以占田间持水率的百分数计;N_m 是经历水分胁迫的总天数;CC 是作物绿叶覆盖百分率,单位%。

在需要预测的日期确定后,CC 可采用下式计算:

$$CC_i = CC_0 + (CC_T - CC_0) \cdot \frac{i_f}{T} \tag{7-3}$$

式中，CC_0、CC_i、CC_T 分别为初始日、第 i 日及第 T 日作物绿叶覆盖百分率，单位%；i_f 为从初始日开始计算的天数；T 为从初始日到预定的 CC_T 所需的天数。

由于受已有试验资料的限制，只能利用作物各生育阶段在不受旱条件下的作物蒸发蒸腾量和参考作物同期蒸发蒸腾量预测值推求作物系数。显然，当土壤水分胁迫系数为 1.0，即全生育期土壤水分供应充分时，作物系数只取决于作物蒸发蒸腾量和参考作物蒸发蒸腾量。故用此法推求充分灌溉条件下的作物系数是可行的。对相似流域的冬小麦和夏玉米试验成果进行分析，得到充分灌溉条件下的作物系数，见表 7-1。

表 7-1　作物类型系数表

月	旬	冬小麦	夏玉米	月	旬	冬小麦	夏玉米	月	旬	冬小麦	夏玉米
1	上	0.24		5	上	1.03		9	上		0.67
	中	0.23			中	1.01			中		0.37
	下	0.19			下	0.97			下		0.24
2	上	0.17		6	上	0.83	0.34	10	上	0.48	
	中	0.39			中	0.78	0.49		中	0.64	
	下	0.47			下		0.81		下	0.74	
3	上	0.51		7	上		1.09	10	上	0.87	
	中	0.49			中		1.41		中	0.83	
	下	0.57			下		1.30		下	0.40	
4	上	0.82		8	上		1.29	12	上	0.24	
	中	1.11			中		1.29		中	0.22	
	下	1.28			下		1.29		下	0.25	

3)在田间水分充足时，土壤水分胁迫系数为 1.0；在非充分灌溉条件下或水分不足时，它主要反映土壤水分状况对作物蒸发蒸腾量的影响，即

$$K_{si} = \begin{cases} 1 & \text{当 } \theta_{c1} \leqslant \theta \\ \dfrac{\ln(1+\theta)}{\ln 101} & \text{当 } \theta_{c2} \leqslant \theta < \theta_{c1} \\ \varepsilon \cdot \exp \dfrac{\theta - \theta_{c2}}{\theta_{c2}} & \text{当 } \theta < \theta_{c2} \end{cases} \tag{7-4}$$

式中，θ 是实际平均土壤含水率，对于旱地，为占田间持水率的百分数，单

位%；θ_{c1}是土壤水分绝对充分的临界土壤含水率，旱地为田间持水率的90%；θ_{c2}是土壤水分胁迫时的临界土壤含水率，旱地为田间持水率的60%；ε是经验系数，旱作物可取0.89。

值得注意的是，在采用上面的公式计算水分不足条件下作物蒸发蒸腾量时，需要考虑作物是否受到水分胁迫以及是否受到过水分胁迫。只有按照水量平衡原理逐日递推土壤含水率，才能知道θ是否小于θ_{c2}；也只有逐日递推θ，才能计算K_{si}。

7.1.2　大孔流的处理

如果要考虑土壤水的垂向运动和再分布，最好的方法是使用Richard方程分层求解。在野外同心环灌水实验时发现，由于大孔隙的存在，部分地区下渗速率一直很大很稳定，和土壤含水量基本无关。于是在使用Richard方程的同时必须考虑大孔隙。

土壤在整个入流边界上接受补给，但有水分绕过土壤基质，只通过少部分土体的快速运移的现象叫作优先流。优先流形成原因不同，包括大孔隙流、绕流、漏斗流、指状流、沟槽流、短路流、部分驱替流和地下风暴流等，而由于土壤中存在许多大孔隙，水及溶质优先通过这些通道所形成的大孔隙流是优先流中的重要组成部分。大量的室内和田间实验表明[119,120]，大孔隙流是土壤中的一种普通存在的现象，而不是一种例外。

土壤中的大孔隙，目前仍没有严格的定义。根据实验所用方法和对水流过程考虑的不同，其大小划分的标准差异很大[121,122]，耕种土壤与非耕种土壤相比，虽然土壤的容重减少了，而且总的孔隙度增加了，但土壤的耕种减少了大孔隙数目，破坏了连通性，使大孔隙通往土壤表面的连接被堵塞[123]。在其他条件相同的情况下，土壤质地越细越易产生大孔隙流[124]。

大孔隙虽然只占整个土壤体积的小部分(0.1%～5%)，但对水在土壤中的运移有着深刻影响[125,126]。大孔隙中的水流速度远大于土壤基质流[127]，不完全符合达西定律[128]。

使用平均运移参数的模拟模型已被广泛用来预测水及溶质通过非饱和土壤的运移，然而，在模型计算的结果和实际田间测量之间常常出现差异。这是因为建立在Richard水流方程和对流-弥散方程基础上的模拟模型，适用对象为均质连续土壤，其中所用的流速是平均流速，它表示了水及溶质在非饱和土壤中运移的所有路径，但体现不出能使水和溶质快速运移的路径。

如果要模拟含有大孔隙的非均质土壤，在现有的资料条件下只能概化成最简单的方法：假定土壤由两个域构成，一个域代表均质土壤，另一个域代表土壤中的大孔隙。对均质土壤采用 Richard 方程求解,对于大孔隙的影响概化成一个大孔隙系数简单描述。

7.1.3 灌水的模拟

为了使模型更好地符合灌区实际情况,在改进后的墒情模型中增加了对灌水的模拟。

当第 i 天有净灌水 I_i(扣除渠系渗漏等水量损失,并换算成 mm 单位)时,设计一个水箱,将灌水分成两部分,其中 αI_i 的水量通过土壤大孔隙等通道直接补给地下水,剩下的 $(1-\alpha)I_i$ 的水量补给土壤水。这里 α 是一个与土壤特性有关的经验比例系数,在模型中其取值为 8%左右。

补给土壤水的那部分灌水量先满足上层土壤缺水量的需求,当上层土壤水达到饱和以后,即满足

$$(1-\alpha)I_i+wh0\geqslant whm \tag{7-5}$$

时,若还有剩余,再补给下层土壤缺水量。若下层土壤也达到饱和以后还有剩余,即满足

$$I'=(1-\alpha)I_i-(whm-wh0)-(wlm-wl0)>0 \tag{7-6}$$

时,则剩下的水量 I' 作为第 $i+1$ 天的灌水量,其计算过程同第 i 天。

如果是连续灌水,即第 i、$i+1$ 天均有灌水量,假设第 $i+1$ 天的灌水量为 I_i+1,那么第 i 天的剩余水量 I' 和第 $i+1$ 天的灌水量 I_i+1 之和作为第 $i+1$ 天总的入渗水量,仍按上述方法继续计算。

7.1.4 冠层截留与填洼计算

在水量平衡研究中,截留量举足轻重,美国学者研究[129]发现树冠可以拦截 10%~40%的雨量(一般为 10%~20%),因地表植被覆盖的类型和密度、雨强、雨后蒸发等多种因素而异。冠层截留的水量将消耗于雨期或雨后的蒸发,并影响同期的蒸散发能力。

由于农田翻耕、田块畦垄的存在增加了地表对雨水的滞蓄量;再加上平原区地表径流排水十分缓慢,有相当一部分地表径流会再次下渗。所以本章的模型以阈值形式设置了填洼量蓄水体,即透过冠层降落到土壤表面的雨水,在满足了土壤下渗之后余下的水量先填洼,如果还有多余才形成地表径流。主要算法有以下几种。

1)覆被相关法最为简单直接,得到了广泛使用。

2)降雨相关法考虑的因素更全面,不仅显式地考虑了降雨强度的影响,

而且通过由覆被的种类和生长时段确定的 I_{max} 来考虑不同覆被类型的影响。如果要将该方法推广到不同覆被地区的话，应该进一步寻找 I_{max} 与 LAI 和覆盖度的关系。

3)过程模拟法仅考虑了覆被的种类和生长时段的影响，不同点在于该方法可以提供时间过程上的细致描述。但是不可直接确定的因素更多，包括最终截留强度、初始截留强度、林冠特性系数和冠层郁闭度，从而限制了方法的推广使用。

但是这些算法在淮北地区都无法直接使用，要么缺乏参数、要么缺乏实测资料。目前淮北地区实测资料中能够表征作物冠层茂盛程度的只有郁闭度数据，见图 7-1。图中，冬小麦的郁闭度变化呈现双峰形状，可以用一个四次多项式来拟合，确定性系数达到 0.94：

$$-2\times10^{-6}\times J^4+3\times10^{-4}\times J^3-1\times10^{-3}\times J^2-0.4287\times J+29.893 \tag{7-7}$$

大豆的郁闭度变化可以用一个三次多项式来拟合，确定性系数达到 0.92：

$$4\times10^{-4}\times J^3+0.2429\times J^2-47.339\times J+2995.5 \tag{7-8}$$

式中，J 是日序数。

于是本章设计了一个简化的冠层截留算法：设置一个最大截留能力 I_{max}，其数值由模型调试确定，根据上述拟合的多项式计算截留能力的年内分配。

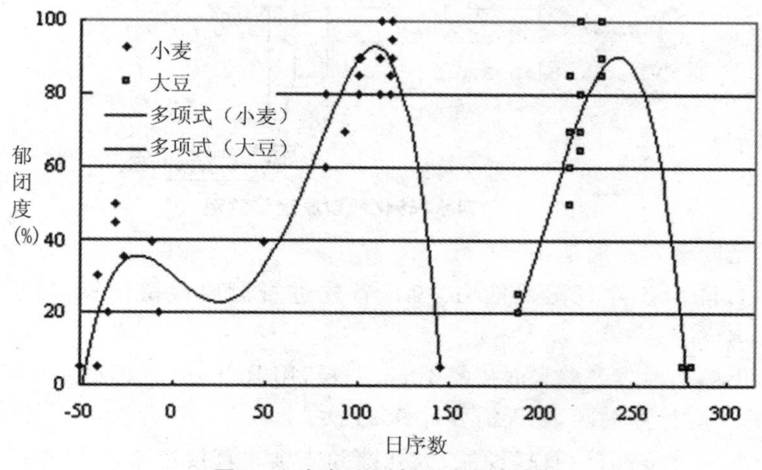

图 7-1　多年实测郁闭度年内变化

7.2 参数率定

由于土壤水增加和消退的影响因素众多，土层水量变化复杂，常见的土壤墒情计算方法，有些虽理论较为成熟，但实际应用很难，如土壤水动力学方法和土层水量平衡法，前者由于实际土壤构成复杂而难以应用，后者是由于所需观测项目较多而难以应用。有些虽观测项目不多(如经验公式法)，但难以推广应用，且要建立经验公式，观测的系列就不能太短。其他一些方法也由于这样或那样的问题，所以目前尚未出现既被广泛采用，又能满足精度要求的区域墒情预报方法。

本次针对灌区建立了如下的“四水”转化日模型，见图 7-2。

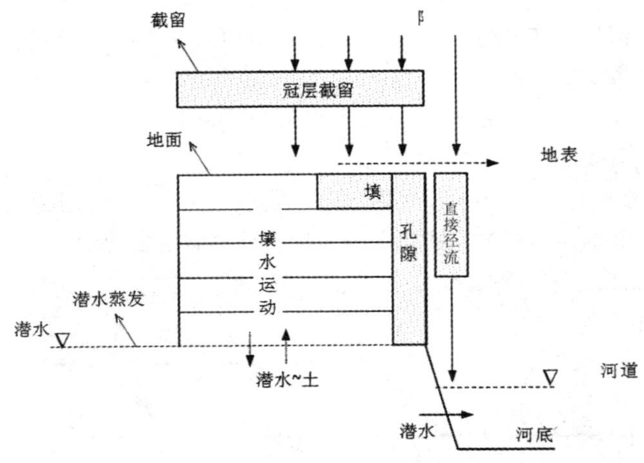

图 7-2 “四水”转化模型原理示意图

模型的主要原理是：

1)日降雨扣除日蒸发能力之后，首先进行冠层截留计算，然后进入地面。

2)土壤从地表到潜水面按每 10cm 一层，用 Richard 方程描述土壤水的运移，每小时计算一次，每天需要计算 24 次。

3)地面分三部分：直接径流、大孔隙和土壤。直接径流进入地表水；大孔隙补给地下水；土壤部分首先按照土壤不饱和水力传导度进行入渗计算，剩余水量进行填洼量计算，还有剩余则进入地表水。

4)蒸发时，把蒸发能力从 8 点到 20 点平均分为 12 份，夜间不计算蒸发。每份蒸发作为土壤的上边界条件驱动土壤水运动，得出方程计算蒸发

量 E_e。验证表明,这样计算出的实际蒸发量精度基本都偏小,所以需要用前面的方法计算出考虑有作物的潜水蒸发量 E_p,如果 $E_e<E_p$,则把欠缺的蒸发余量直接在潜水中扣除。

5)潜水按照潜水位与沟道切割深度的差值缓慢侧向排入河网。

6)需要流域地表径流过程拟合时,添加相应的汇流模块。

7.2.1　模型下渗-蒸发调试

以上土壤水垂向运动数学描述的检验都是扰动土的实验,实验中为了避免土柱与管壁脱空造成的下渗漏水,人工回填时都有一个夯实的过程,基本没有大孔流的影响。而天然的土壤下渗拟合时需要考虑大孔隙。

因为土壤水垂向运动的参数都由实测和实验数据决定,所以模型下渗-蒸发的可调试参数只有大孔隙系数。此时的大孔隙系数包含了当前状况下提高拟合精度的所有误差,原有的划分土壤两个域(均质土壤和大孔隙)的物理意义已经淡化,所以调试出的大孔隙系数很可能与实验数据和日常的观察经验有所差异。

由于大孔隙系数的变动改变了降雨转化为土壤水的比例,进而影响次日的蒸发和下渗。所以日模型中大孔隙系数不仅决定了潜水补给量的计算值,而且影响着潜水蒸发量的计算值。

1. 率定大孔隙系数

选用 1991～1996 年亚黏土、亚砂土 0.2m 以上埋深的逐日潜水蒸发和下渗数据以及同期的日降水、日水面蒸发数据,每个埋深的数据作为一个系列带入模型进行土壤下渗-蒸发计算。1991 年 1 月 1 日的土壤含水率初值取一半田间持水量,自上而下层层相同。

确定性系数只计算 1992～1996 年这 5 年,调整大孔隙系数拟合潜水补给-蒸发量,直到确定性系数最大,拟合结果见表 7-2。此时没有考虑冠层截留、地下水出流和汇流模块。从表 7-2 的潜水补给-蒸发模拟结果来看:

1)亚黏土不同潜水埋深下的大孔隙系数(模型调试值,下同)在 0.072 至 0.091 之间,平均为 0.082;亚砂土的大孔隙系数在 0.054 至 0.061 之间,平均为 0.058。大孔隙系数与潜水埋深并没有明显的相关关系,见图 7-3,但不同埋深之间的大孔隙系数随着埋深的增加而略趋稳定。

2)因为潜水补给对大孔隙系数非常敏感,所以潜水补给的总量很容易调试。亚黏土的潜水补给总量误差为－8.2%～2.9%,各埋深总量误差平均值为－2.7%;亚砂土的误差为－6.6%～6.3%,平均误差为为－2.8%。

总量误差与埋深没有明显的相关关系。

3)从拟合的过程来看,亚黏土的确定性系数最低值为0.65,平均0.71;亚砂土的拟合效果稍差一些,最低值为0.51,平均为0.59。潜水补给的拟合确定性系数与埋深没有明显关系。

4)潜水蒸发的拟合效果较差,存在计算值比实测值偏小的系统误差,亚黏土平均小17%,亚砂土小14%。

表7-2 裸地潜水补给-蒸发1992～1996年模拟情况

埋深(m)			0.2	0.4	0.6	0.8	1	1.5	2	3	4	平均
亚黏土	大孔隙系数		0.082	0.072	0.089	0.086	0.091	0.078	0.079	0.081		0.082
	补给	确定性系数	0.70	0.65	0.66	0.73	0.71	0.76	0.75	0.75		0.71
		总量误差%	−3.8	−5.8	1.4	0.8	−8.2	2.9	−7.1	−1.7		−2.7
	蒸发	确定性系数	0.5	0.69	0.57	0.47	0.48	0.49	0.62	0.48		0.54
		总量误差%	−22.7	−15	−24.4	−13	−16.4	−19.8	−15.6	−13.9		−17.6
亚砂土	大孔隙系数		0.054	0.061	0.054		0.061		0.057	0.056	0.062	0.058
	补给	确定性系数	0.58	0.65	0.56		0.7		0.51	0.57	0.58	0.59
		总量误差%	−4.0	4.3	−4.7		−6.6		−2.3	−4.1	−1.9	−2.8
	蒸发	确定性系数	0.65	0.41	0.39		0.47		0.7	0.46	0.53	0.52
		总量误差%	−14.1	−11.1	−13.9		−10.7		−20.9	−16.8	−13.7	−14.5

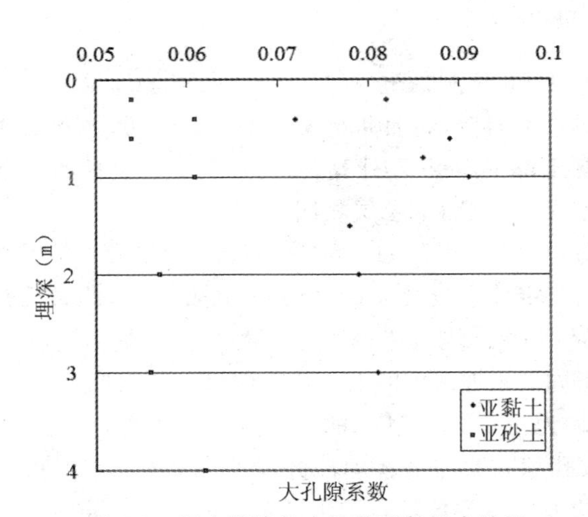

图7-3 裸土蒸渗仪大孔隙系数拟合结果

2. 模型蒸发计算的校正

因为模型中的参数都由实测和实验数据确定，并且潜水蒸发对唯一可以调整的大孔隙系数不太敏感，这表明模型中的潜水蒸发部分的结构或者计算思路需要修改。

目前模型对蒸发的计算结构主要有两种思路：

1)概念性算法：先通过水陆面影响系数、作物影响系数等把水面蒸发转换为陆面蒸发，然后按照土壤分层逐层扣除土壤水，扣水期间还要考虑与土壤质地有关的土壤含水量上限、下限、逐层的蒸发能力折减等问题。

2)机理算法：按照电阻串联原则计算气孔-大气水势差、叶面-根系水势差、根系-土壤的水势差来计算作物耗水，最后把根系吸水作为源项加入到Richard 方程中求解，计算时要考虑作物冠层的伸展与不同作物的组合、根系的伸展等问题。

概念性方法蒸发计算中需要调试的参数较多，机理算法中作物伸展、叶片根系群体效应等问题没有解决[130,131]，所以上述两种思路都不能很好地解决本文模型的问题。鉴于本章针对淮北平原区做了很多蒸发方面的实验分析，于是考虑引用前面的成果来校正潜水蒸发计算：

1)仍按照土壤水垂向运动的数学描述计算土壤蒸发，并得到土壤水再分布和潜水蒸发的计算结果，逐日统计最下层土壤的向上水分通量，得到潜水蒸发的计算值 E_{ga}。

2)使用裸土潜水蒸发分析结果中的公式和参数，计算出逐日潜水蒸发值 E_{gb}。

3)假如 $E_{ga}<E_{gb}$，则把二者的差值 $E_{gb}-E_{ga}$ 在每天的最后一个时段(24点)从潜水中直接扣除。尽管这样会降低模型对土壤含水量的描述精度，但是由于 E_{ga} 和 E_{gb} 的差值较小，这种误差应该可以接受。

采用逐日裸土潜水蒸发经验公式校核模型后，潜水蒸发的拟合精度有所提高，见表 7-3。

表 7-3　裸地潜水蒸发 1992～1996 年模拟情况

埋深(m)			0.2	0.4	0.6	0.8	1.0	1.5	2.0	3.0	4.0	平均
蒸发	亚黏土	确定性系数	0.60	0.74	0.57	0.52	0.57	0.59	0.65	0.55		0.60
		总量误差%	−9.8	4.9	−11.7	5.4	−2.3	−7.2	4.4	−11.3		−3.5
	亚砂土	确定性系数	0.73	0.47	0.49		0.55		0.75	0.53	0.57	0.58
		总量误差%	−4.9	−2.5	5.1		−0.3		−10.9	−7.6	−4.4	−3.7

从裸地潜水蒸发1992～1996年模拟情况表中看出：

1)亚黏土的潜水蒸发确定性系数为0.52～0.74,平均达到0.60,总量误差在－11.4%～5.4%,各埋深下平均总量误差－3.5%。

2)亚砂土潜水蒸发拟合的确定性系数为0.47～0.73,平均达到0.58,总量误差在－10.9%～5.1%,平均为－3.7%。

采用经验公式校正潜水蒸发后,无论是确定性系数还是总量误差,拟合结果比不校正有明显的提高。校正后,潜水入渗的拟合效果基本不变,因为校正带来的潜水位变动并不大,对潜水入渗的微弱影响可以忽略。

7.2.2 潜水排出的计算

地下水蓄水量与出流之间为非线性关系：

$$Q_g = k(S_g) \times S_g \quad (7\text{-}9)$$

式中,S_g 是地下水蓄量;k 是随地下水蓄量而改变的地下水出流系数;Q_g 是地下径流量。

潜水出流系数与地下水蓄量成正比,郝振纯等[132]在枣庄潘庄灌区使用对数关系来描述：

$$k = a\ln(S_g) - b \quad (7\text{-}10)$$

式中,a、b 是调试出的参数,在潘庄灌区取0.18、0.28。

实际上,模型中的潜水蓄量是指平原区河网切割最低深度以上的潜水量,即

$$S_g = \mu \cdot \Delta H \quad (7\text{-}11)$$

式中,μ 是给水度;ΔH 是潜水位与河网切割最深处的差值。

1.给水度范围的实验分析

给水度是地下水资源评价的重要参数之一,其值的合理性与否直接影响到水资源评价计算结果。给水度是描述含水层富水程度的一个数量指标,它一般是指饱和岩体在重力作用下,释放的重力水体积与饱和岩体体积之比,可利用下式计算给水度 μ：

$$\mu = \frac{V_s}{V_g} \quad (7\text{-}12)$$

式中,V_g 是岩土体体积,单位 m^3;V_s 是自由排出的水体积,单位 m^3。

影响给水度最主要的因素是土壤岩性,不同的土壤岩性其给水度差异较大,五道沟实验站对亚黏和亚砂两种土壤分别做过多次实验,其确定的方法较多,常用的有地中蒸渗仪(筒测)法、抽水实验法、动态资料分析法、水量

平衡法和饱和差法等。此次采用的是地中蒸渗仪法和抽水实验法。

1)抽水实验法。抽水实验法分稳定流和非稳定流两种,每种又有单井和群井抽水之别。抽水实验时一定要做好渠道防渗,要把抽出的水,排出实验区域外。观测孔的布设要合理,尽可能增加观测孔的数量。出流堰箱的水流经过前(上)水箱的调节,使水流平稳。淮北地区抽水实验法求得的给水度 μ 值列于表 7-4。

表 7-4 抽水实验法给水度成果表

土壤	亚砂(亚黏土)			亚砂(黄泛潮土)	
μ 值范围	0.035～0.045			0.04～0.06	
抽水地点	给水度 μ				
	布尔顿法	纽曼法	直线法	恢复水位法	采用 μ 值
五道沟实验站	0.032	0.042	0.027	0.060	0.04
涡阳赵瓦房	0.033	0.033～0.046	0.031	0.067	
涡阳楚店	0.047	0.039～0.049	0.059	0.043	
涡阳柴小寨		0.030～0.044			
涡阳郑庄户		0.048～0.060			
涡阳宿小庄		0.030			
涡阳朱庄		0.028～0.030			

2)地中蒸渗仪法。地中蒸渗仪(筒测)法是根据变值给水度的定义,地中蒸渗仪中有不同代表性的原状土样,通过控制潜水位的方法,可求得不同埋深时的给水度值,见表 7-5。

表 7-5 地中蒸渗仪法给水度实验成果

土层	亚黏土		亚砂土	
	实验值范围	采用范围	实验值范围	采用范围
地表～1.0m	0.030～0.090	0.040～0.060	0.035～0.100	0.045～0.060
1.0～4.0m	0.025～0.050	0.030～0.045	0.028～0.065	0.040～0.055

使土样饱和有两种加水方法,一是从土壤上部加水,二是从土壤下部注水。上部加水:采用人工模拟天然降水形式从土壤上部注水,降水量控制在 100mm/d 以内,降水强度控制在 20mm/h 以内,使之小于土壤稳定下渗率,保证水由土壤上层向下层缓缓渗透以达到饱和。下部加水:因地中蒸渗仪地下水埋深可控制,调节地下水位,使土壤从下部缓慢向上部饱和。

土样饱和的注水方式可能会使 μ 值有差异，上部加水，水分从土体表层渗入下层，土壤中气泡不易逸出，土体中气体向土体下部挤压。而下部加水，加水时间短，土体中气泡(气体)可随地下水位抬升排出土体。实验结果表明，下部加水的 μ 值要大于上部加水的 μ 值，但只要掌握好注水强度，误差也不大。上部加水最好做到与土壤的自然下渗速度一致；下部加水一定要缓慢，最好能与自然状态下水位上升速度一致。经分析，上、下部不同加水方法的 μ 值误差一般不超过10%，平均在5%左右，对于亚黏土上部加水(模拟天然水)方式得出 μ 值为0.025～0.035，按快速加水使土体迅速饱和的 μ 值为0.035～0.045。

在不同口径的地中蒸渗仪进行实验，结果表明，筒径对给水度无多大影响。土壤饱和后，地中蒸渗仪均加盖封口，尽可能减少蒸发。一般被测土样剖面岩性变化不大时，简化分层释水步骤，即0～1.0m土体按0.2m分层释水，1～5m土体采用0.5m分层释水；当被测土样剖面岩性变化较大时，应按岩性分层释水。

地中蒸渗仪法的优点是以土壤水形态理论为依据推求变值，方法简便易行、能重复使用、可获得较多数据，同时还能获得 μ 值和地下水埋深 Z 的关系曲线。缺点是地中蒸渗仪中原状土取样要求工艺高且需要地下观测室、实验周期长(5m土体分层释水需一年时间)等。为了弥补这一不足，可采用口径为30cm不同高度的专用测筒到野外取样后运回室内测试。抽水实验法的优点是实验周期短、代表性高，并能取得诸如渗透系数、导水系数等多项水文地质参数，具有较高的精度等。缺点是耗资大、不能得出各层土体 μ 值，抽水实验因观测孔布设的疏密，在确定影响半径时，往往因人而异，主观因素较多。

2.潜水排出相关参数的调试

使用1965～2002年的亚黏土、亚砂土年平均地下水位数据，调试潜水排出的相关参数。模型中能够影响潜水排泄的参数包括大孔隙系数、填洼量、最大冠层截流量、$k(S_g)$曲线和给水度。其中大孔隙系数和最大冠层截流量可以沿用前面的率定成果，而其余三个(组)参数需要进一步调试，步骤如下。

1)使用前文率定的填洼量、$k(S_g)$参数和平均给水度数据作为调试的初始值，计算并观察结果。

2)如果年均水位持续抬升，则给水度和 k 值需要增加，填洼量应减小；如果年均水位持续降低，调试方向相反。需要强调的是，前文的填洼量数据是通过蒸渗仪测筒数据调试出来的，测筒的土壤表面平坦而且面积小，调试出的填洼量参数肯定比实际的农田中要小。

3) $k(S_g)$ 曲线的两个参数中，第 1 个参数增加会使地下水位较高的年份计算值降低，第 2 个参数的增加会使所有地下水位计算值偏低。

按照上述方法调整参数反复试算，直到拟合结果最优（观察法）。调试出的参数见表 7-6，拟合的过程线见图 7-4。

表 7-6　调试潜水排出参数拟合年均地下水位结果

土壤	填洼量(mm)	给水度	$S_g \sim K_g$ 参数	确定性系数	平均误差(m)
亚黏土	9.0	0.42	0.20,0.31	0.89	0.06
亚砂土	11.5	0.50	0.19,0.28	0.93	0.07

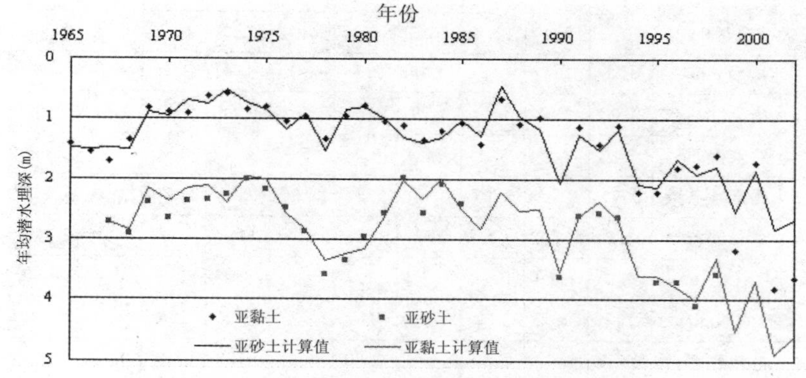

图 7-4　年平均地下水位长系列拟合结果

从上面的潜水位拟合结果看，亚黏土在 1999、2001 和 2002 年的拟合效果比较差，误差分别为 −0.61m、1.0m 和 0.94m。这几年的潜水位也是多年来的最低值，一方面可能是因为模型对埋深大的潜水变动情况描述能力较差，另一方面也有可能是这 3 年在非天然的因素影响下潜水位异常的低，而这些因素不能在实测资料和模型结构中反映。具体的原因有待进一步分析。除了这 3 年以外，其他年份的拟合结果都不错，误差为 −0.22～0.21m。

亚砂土因为在 1999 年以后没有实测数据，所以拟合情况相对更好一点，误差在 −0.28～0.19 范围内，多年平均值误差仅 7cm。

7.2.3　填洼量与最大截留能力的率定

最大截留能力增加，将导致潜水补给和地表径流的减少；填洼量参数的变大在增加潜水补给的同时会减少地表径流。这两个参数相互影响需要同时调试。

选用有作物时1991～1996年亚黏土、亚砂土0.2m以上埋深的逐日潜水蒸发和下渗数据以及同期的日降水、日水面蒸发数据，每个埋深的数据作为一个系列带入模型进行计算。土壤的下渗算法与前面一致，蒸发计算中潜水蒸发的校正引用有作物时的潜水蒸发计算方法，大孔隙系数取前面率定的平均值。1991年1月1日的土壤含水率初值取一半田间持水量，自上而下层层相同。确定性系数只计算1992～1996年这5年，调整最大截留能力和填洼量，使潜水补给和测筒径流的拟合效果最优（人工观察法），拟合结果见表7-7。

表7-7　有作物潜水补给和地面径流1992～1996年模拟情况统计

埋深(m)			0.2	0.4	0.6	0.8	1.0	1.5	2.0	3.0	4.0	平均
亚黏土	最大截流量(mm)		10.7	9.1	12.4	11.3	9.1	8.7	9.2	8.2		9.8
	填洼量(mm)		1.3	1.4	0.5	1.0	2.6	3.1	1.4	1.5		1.6
	补给	确定性系数	0.68	0.56	0.71	0.71	0.64	0.82	0.66	0.75		0.69
		总量误差%	7.7	1.4	3.4	−6.8	9.8	−4.7	2.1	3.3		2.0
	径流	确定性系数	0.77	0.61	0.67	0.80	0.77	0.66	0.71	0.76		0.72
		总量误差%	3.8	−7.2	−3.8	7.7	−10.8	−4.1	14.1	5.2		0.6
亚砂土	最大截流量(mm)		9.0	11.9	10.3		11.7		6.4	11.8	9.4	10.1
	填洼量(mm)		2.3	0.7	1.1		2.5		3.3	1.5	1.9	1.9
	补给	确定性系数	0.51	0.63	0.67		0.59		0.58	0.55	0.69	0.60
		总量误差%	−1.8	1.6	6.1		−6.4		7.9	−1.7	−7.1	−0.2
	径流	确定性系数	0.62	0.79	0.77		0.73		0.78	0.63	0.61	0.70
		总量误差%	−12.3	−0.5	10.4		−4.6		−0.4	−10.8	−12.1	−4.3

从表7-7中可以看出：

1）亚黏土不同潜水埋深下的最大截留量（模型调试值，下同）在8.2至12.4mm之间，平均为9.8mm；亚砂土的最大截留量在6.4至11.9mm之间，平均为10.1mm。调试出的最大截留量与潜水埋深没有明显的相关关系。

2）亚黏土不同潜水埋深下的填洼量（模型调试值，下同）在0.5至3.1mm之间，平均为1.6mm；亚砂土的最大截留量在0.7至3.3mm之间，平均为1.9mm。因为测筒的地表平整而且面积小水流容易流出，所以此处调试出的填洼量应该比大田中要小很多。

3）亚黏土和亚砂土潜水补给的拟合效果和前面的数据比较接近；潜水蒸发由于有了作物的影响，拟合结果略有变动。

4)因为径流量对两个参数都比较敏感,所以径流量拟合结果比较容易调试,如果再加上直接径流系数的帮助结果会更好;亚黏土的确定性系数在 0.61 至 0.80 之间,平均为 0.72,总量误差在－10.8 至 14.1 之间;亚砂土的确定性系数在 0.61 至 0.79 之间,平均为 0.70,总量误差在－12.1 至 10.4 之间。

大多数测筒的径流量只在汛期有观测数据,影响了拟合效果的评价,点绘计算值-实测值的对应图见图 7-5,会发现径流拟合的效果还不错。

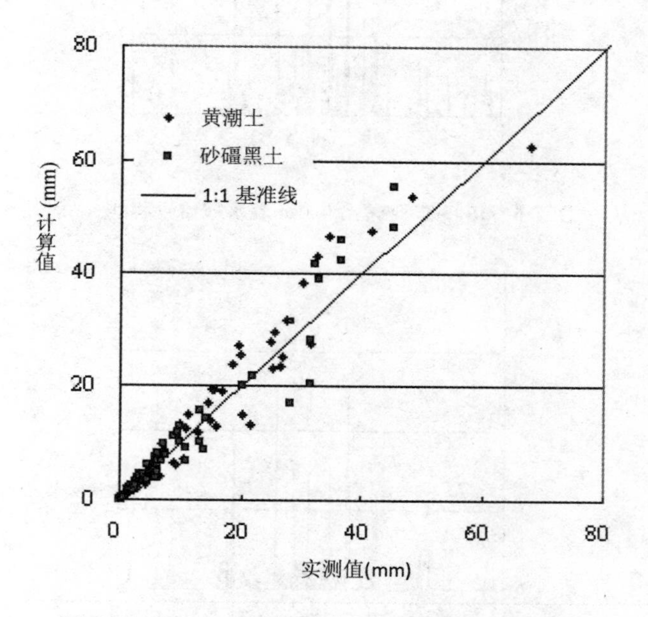

图 7-5　1992～1996 年亚黏土与亚砂土径流拟合情况

7.3　模型检验

与地表径流的拟合和预报不同,潜水补给与蒸发的拟合精度尚没有定量的评价标准。

单就潜水补给来说,以前的研究包括现象描述、规律分析、次降雨以及旬、月、季、年和多年的入渗补给系数分析,很少涉及补给过程的拟合,更不用说拟合过程的定量评价了。本章模型拟合出了潜水补给的逐日过程线,图 7-6 是 1995 年亚黏土 0.4m 潜水补给过程线拟合结果,确定性系数为 0.65,图 7-7 是 1995 年亚砂土 0.6m 潜水补给过程线拟合结果,确定性为系数 0.56。从过程线来看,计算值基本能够描述潜水补给的实际过程。

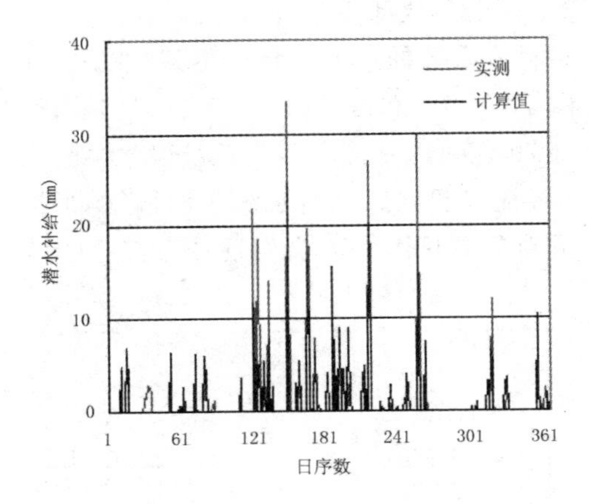

图 7-6 1995 年亚黏土 0.4m 潜水补给过程线

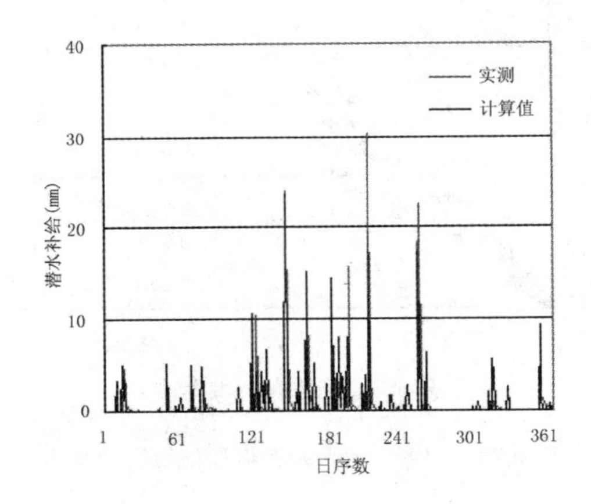

图 7-7 1995 年亚砂土 0.6m 潜水补给过程线

当然,本章模型的计算结果除了拟合精度有待进一步提高以外,还有不足,表现在计算值在大雨时偏小、小雨时偏大。分析其原因是:①模型使用了大孔隙系数,只要有雨就会有相应比例的潜水补给,这会导致小雨时的潜水补给计算偏大;②模型中假定在无压条件下描述土壤水的向下运动,大雨时地表薄层积水形成的压力会增加土壤水和大孔隙水流的下渗速度,这会导致大雨时的土壤下渗量偏小。

就潜水蒸发来说,可以采用地面蒸发的评定标准,但标准并不唯一:有学者采用最大误差的±25%来衡量,也有学者用旬、月总量误差来衡量。图 7-8 是 1995 年亚黏土 0.4m 潜水蒸发过程线拟合结果,确定性系数为 0.60,图 7-9 是 1995 年亚砂土 0.4m 潜水蒸发过程线拟合结果,确定性系数为 0.47。从这两幅图来看,拟合的效果基本能够描述实测潜水蒸发的变化趋势，但拟合精度还需要进一步提高。注意图中有 3 个实测潜水蒸发值异常的大，怀疑是测量误差。

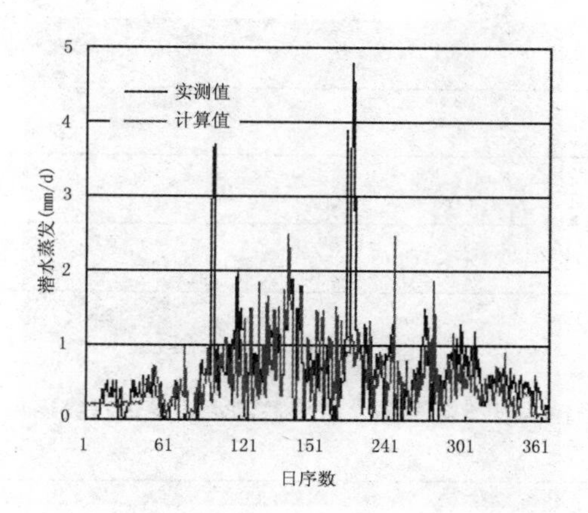

图 7-8　1995 年亚黏土 0.4m 潜水蒸发过程线

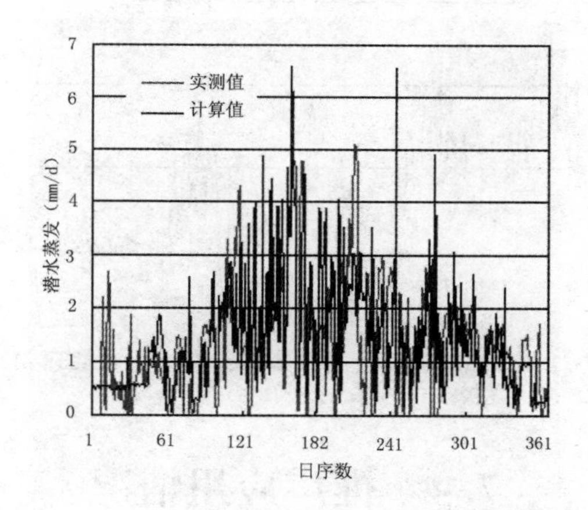

图 7-9　1995 年亚砂土 0.4m 潜水蒸发过程线

如果把拟合出的逐日蒸发按照逐旬和更长时段来统计，其拟合效果会有很大提高，见图 7-10 和图 7-11，此时潜水蒸发过程线拟合的确定性系数都可以达到 0.9 左右。

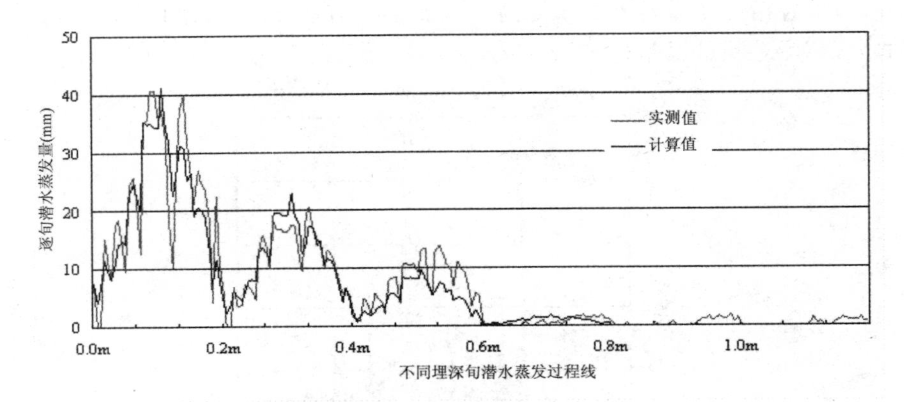

图 7-10　1995 年亚黏土各埋深潜水蒸发过程线逐旬比较

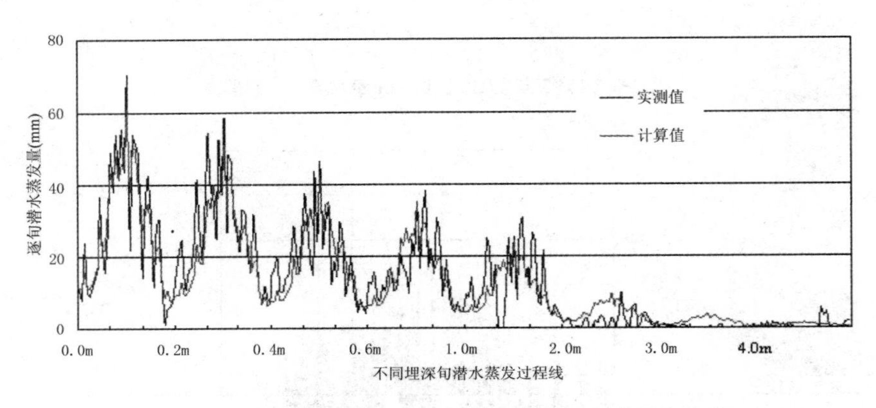

图 7-11　1995 年亚砂土各埋深潜水蒸发过程线逐旬比较

7.4　推广应用情况

7.4.1　核心示范与中试转化区

核心示范与中试转化区选择在新汴河灌区的八张村(图 7-12)。本次中试转化推广核心示范区 800 亩(图 7-13),中试转化区 3000 亩。

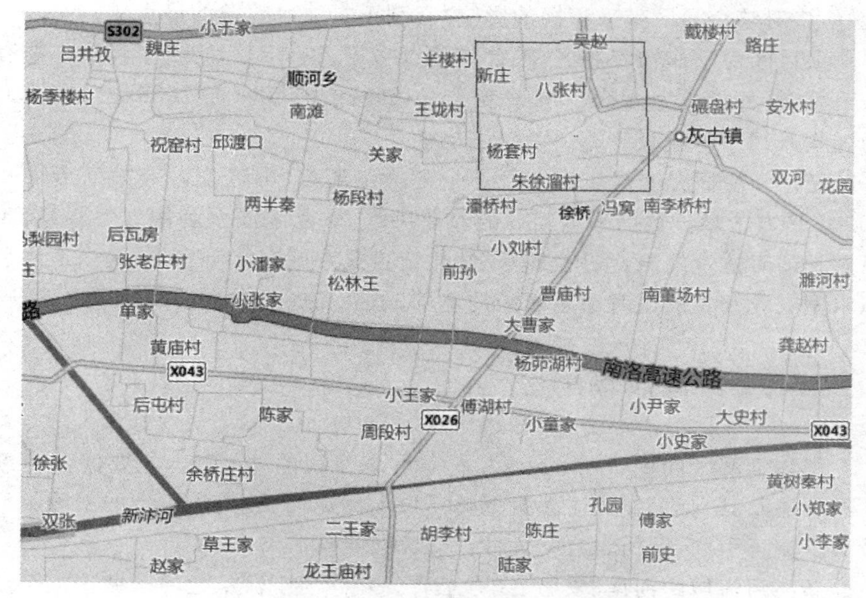

图 7-12　推广区位置行政图

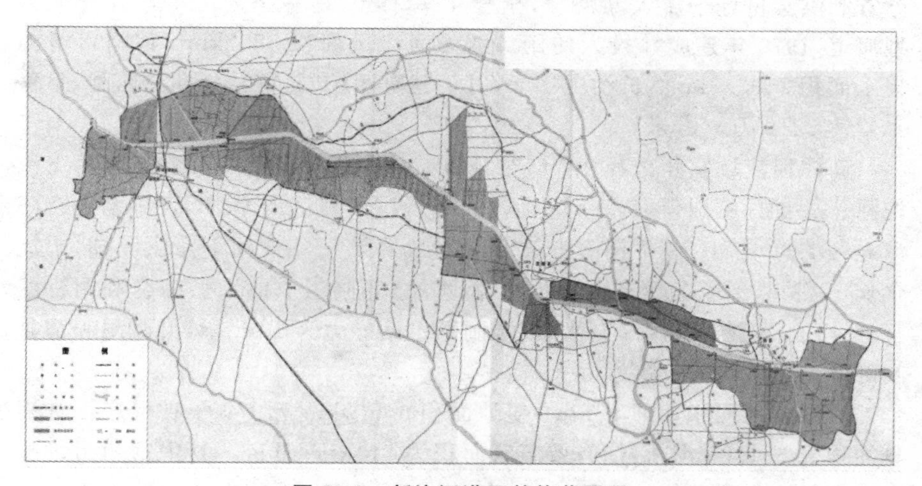

图 7-13　新汴河灌区整体范围图

八张村距离灰古镇水利站较近，该镇近几年的水利建设成果突出，2009年以来，埇桥区灰古镇以深入学习实践科学发展观为契机，积极实施以农业综合治理项目为重点的农田水利基本建设。2009 年，该镇已开挖疏浚大沟1.3km，小沟 12 条，共完成土方 15 万平方米；2010～2012 年，该镇开挖疏浚大沟 1 条，中小沟 54 条 13.7km，田间地头沟近百条，新建恢复桥涵 700 座，机井 125 眼，综合治理片 8.7km^2。完善的水利设施为项目推广更提供了必要的条件。同时该村作为新汴河灌区的典型，如果本项目在该村推广效果较好，将对整个灌区带来积极的影响，有利于本项目效益的最大化。

项目区为旱作物农业区，粮食作物以小麦、玉米、豆类为主，经济作物有瓜菜等，复种指数为1.88。粮食亩产522.5kg，瓜菜亩产3086kg。农民人均纯收入约4000元。

新汴河灌区是安徽省淮北平原上的大型灌区，灌区实际有效灌溉面积600多平方千米。目前采取粗放的农业用水方式，灌溉水利用效率不高，难以做到适时适量灌溉，采用“四水”转化定量关系确定灌溉水量，是当地发展节水型农业和发展适时适量灌溉的基础，是提高田间水利用率的重要保证。

7.4.2 有效辐射区

新汴河灌区面积2493.3km²，占全市总面积的25.5%，主要河流有新汴河干流及其支流，支流主要有七岭子以上的沱河、符离集以上的萧濉新河及其支流王引河、闸河、岱河、大沙河、洪碱河等共26条。

新汴河流域跨河南、安徽、江苏三省。新汴河干流从七岭子截沱河至江苏省泗洪县付圩子流入溧河洼，全长127.1km，是一条人工平地开挖的大型河道，1970年建成并投入使用。新汴河流域面积6562km²，宿州市境内集水面积2493.3km²，长约110km，其上建有团结闸、宿县闸和灵西闸，总蓄水量达3216万立方米。

新汴河流域宿州市面积2493.3km²，主要河流有新汴河干流及其支流沱河、王引河、萧濉新河。新汴河流域是新汴河灌区的水源工程，也是新汴河灌区的总干渠。新汴河有6562km² 地面径流汇集该河下泄洪泽湖，干流全长127km，干流上建有由节制闸、翻水站、船闸组成的大型综合利用枢纽三处，可自下游抽引洪泽湖水，团结闸翻水站能力为10m³/s，灵西闸和宿县闸翻水站可逐级向上翻水。

灌区土地面积909.58km²，耕地面积645.8km²，1979年省批定设计灌溉面积为391.9km²，目前有效灌溉面积为211km² 万亩。其中宿州市埇桥区境内新汴河灌区耕地面积158.1km²，设计灌溉面积391.9km²，总灌溉面积92.4km² 亩，耕地有效灌溉面积92.4km²，2011年实际灌溉面积74.93km²。泗县境内新汴河灌区耕地面积140km²，总灌溉面积64.6km²，耕地有效灌溉面积64.6km²，2011年实际灌溉面积49.5km²。灵璧县境内新汴河灌区耕地面积54km²，总灌溉面积54km²，耕地有效灌溉面积54km²，2011年实际灌溉面积34km²。

灌区内新北沱河、唐河、石梁河都以地下涵的形式从新汴河下穿过，还有小汴河、北沱河、沱河、运粮河等具有节制工程的河流和汴沱大沟、凡吴大沟、火箭沟、胜利沟、八汤沟、闫汴沟等大沟蓄水作为灌区当地可利用的地表水。

纳入“十二五”规划的新汴河灌区续建配套与节水改造工程的主要规模及标准如下：八里张涵灌溉片，规划新建八里张引水涵，引水流量 $2.0m^3/s$，设计有效灌溉面积 $10km^2$。新建向阳沟、陆沟分水涵2座，防洪涵洞3座，大沟桥梁7座，疏通向阳沟、陆沟，平地新开引水沟3条4km。

项目区气候属于暖温带半湿润气候区，处于北亚热带和暖温带的过度带，冬季多偏北风，气候干燥而寒冷；夏季盛行偏南风，气候温暖而湿润。四季分明，日照充足，且雨热同期，有利于粮食作物、蔬菜和瓜果等经济作物的发育生长。

根据多年降雨资料分析计算，项目区多年平均降雨量890.1mm，雨量适中。但年内、年际变化很大，分布不均。最大年降雨量1460mm，是最小年降雨量431mm的3.4倍。年内降雨又多集中在汛期的6～9月份，一般占全年降雨量的60%～70%，而汛期降雨又集中在7月，占全年降雨量的20%～30%。降雨量在年际及年内分配悬殊的情况，是造成本区易涝、易旱的主要原因之一。

项目区多年平均气温14.4℃，年际变化不大。极端最低气温－23.2℃，极端最高气温达40.3℃，全年日照时数平均为2373h。无霜期一般为200～220d。年平均土温16℃～18℃，年平均陆地蒸发量由80cm蒸发皿测得的多年平均值为1300～1500mm，本区全年平均风速为2.3～3.6m/s。

项目区位于安徽淮北平原的河间平原，地形平坦，土壤主要为淤黑土，为淮北地区古老的耕作土壤，是由河湖相沉积物发育形成。耕层土壤容重约为 $1.45g/cm^3$，田间持水量27%，该土质地黏重，垂直裂缝发育，灌水深层渗漏严重，湿时泥泞、干时坚硬，耕性不良，适耕期短，土壤有机质含量低，缺磷少氮，肥力不高，属中、低产土壤。但淤黑土土温稳定、酸碱适中、保肥力强，开发治理后，增产潜力较大。

项目区主要自然灾害有干旱、涝渍、冰雹、霜冻、大风及干热风、农作物病虫害等。旱涝是项目区的主要自然灾害，土壤肥力低，是影响项目区农业生产发展的主要制约因素。由于项目区地处亚热带与暖温带的过渡地带，受冷暖气流交汇的影响，降雨年际变化大，年内分配不均，加上田间排灌工程不完善，极易发生旱涝等自然灾害。旱涝灾害是造成农业生产水平低而不稳的主要原因。该地区旱涝灾害频繁发生，特别是夏秋两季十年九灾，几乎不是旱灾就是涝灾，甚至旱涝交替发生，对农业生产造成了极大的危害。根据多年气象资料分析，项目区基本上2～3年发生一次较大的旱灾，伏旱、秋旱几乎年年发生，涝灾1～2年发生一次，旱涝灾害十分频繁，平均每年成灾面积约 1.33km²。

安徽省新汴河灌区是我国大型灌区之一，是国家级商品粮生产基地。灌区内非农业人口 4.9 万人，农业人口 35.12 万人，人均占有耕地 1613.3m²，农业生产以小麦为主，占耕地总面积的 62.8%，其次为大豆、玉米、棉花等，复种指数为 185%。2010 年灌区粮食总产量达 3.06 亿 kg(含经济作物)，农业总产值 12.37 亿元，农民人均收入 4693 元。

7.4.3 推广应用

项目从模型数据到生产实践的主要技术路线参见图 7-14，包括：①项目组整合相关技术、研发墒情管理软件，并赋予后者一定程度上的无人值守运行功能；②项目组培训若干技术人员，来操作和识读模型结果；③项目组通过宣传、骨干农户带动等方式，增加模型的影响规范；④模型根据短期气象预报和作物不同生育期的耗水情况，优选出较佳的灌水时机和灌水量；⑤信息员识读模型信息，通过短信、电话、村广播等将预报结果通知农户；⑥农户参照相关信息实施灌溉，信息员通过走访和代表点取样，将人工干涉结果反馈到模型中去；⑦模型根据实际的反馈信息和实测资料，自动优化计算，给出滚动预测的结果。

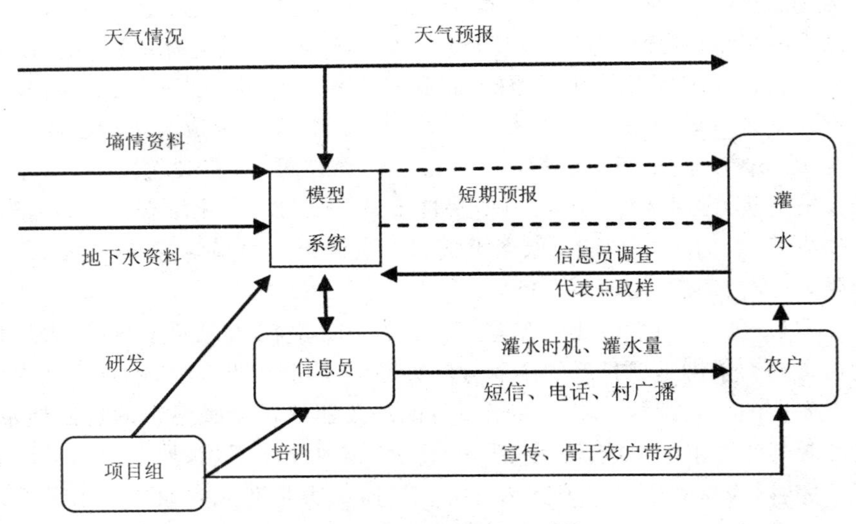

图 7-14 技术推广的主要路线

模型结合短期(7d)天气预报计算出建议灌水量之后，根据计算的地下水位，将建议灌水量换算为 2 寸水泵的亩均灌溉时间，由信息员通知农户进行具体操作。

推广应用中的主要难点在于两个方面：一是实验室模型技术的本地化；二是相关信息与农业实践的结合。

农村的技术力量薄弱，服务能力不足。一方面，现今乡镇农技人员总量仍显不足，而且在岗的公益性农技推广人员年龄偏大、学历文凭低、职称低的问题比较突出。调查表明，灌区乡镇农技推广人员中，40周岁以下人员仅占57%，中专以下学历的占22%左右，中级以下职称者占到40%。另一方面，由于体制和经费不足等原因而接受再教育和培训的机会和时间不多，业务知识和专业技术长期得不到更新和提高，对新技术推广和应用感到力不从心，在服务于现代高效农业发展中显得无所适从。另外，由于受到财力、人员编制、乡镇区域的限制，乡镇农技队伍难进入、人员难增加，乡镇之间农技人员调配、交流的机会不多，乡镇农技队伍缺乏新生力量、缺乏活力。

由于大多数农村青壮年外出打工，农业劳动人员的文化素质很不乐观，面向广大人民群众的宣传教育难度很大。

“四水”转化水文模型是在长期、完善的实验数据支撑下建立起来的，在农作区推广不仅资料比较缺乏，而且流域空间不闭合。

7.4.4　模型的本地化

利用实验室和前期积累的相近条件下的数据资料建立模型，利用推广区大量的地下水测井（机灌井）来微调模型参数（图7-15～图7-17），实现模型的本地化。

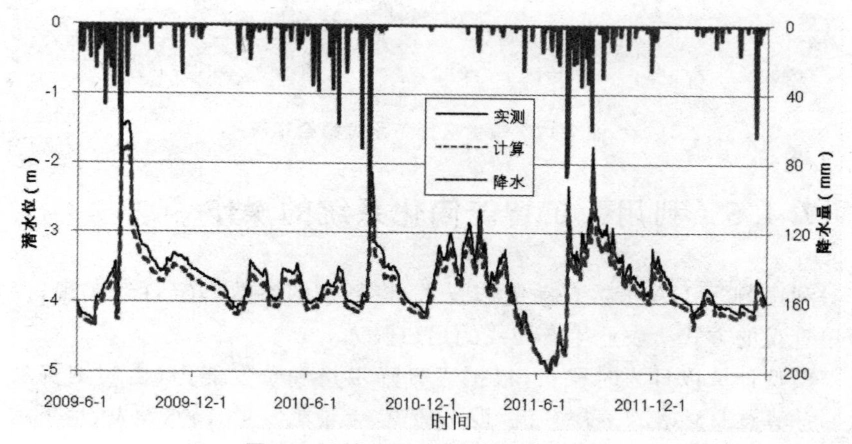

图7-15　核心区地下水位拟合情况

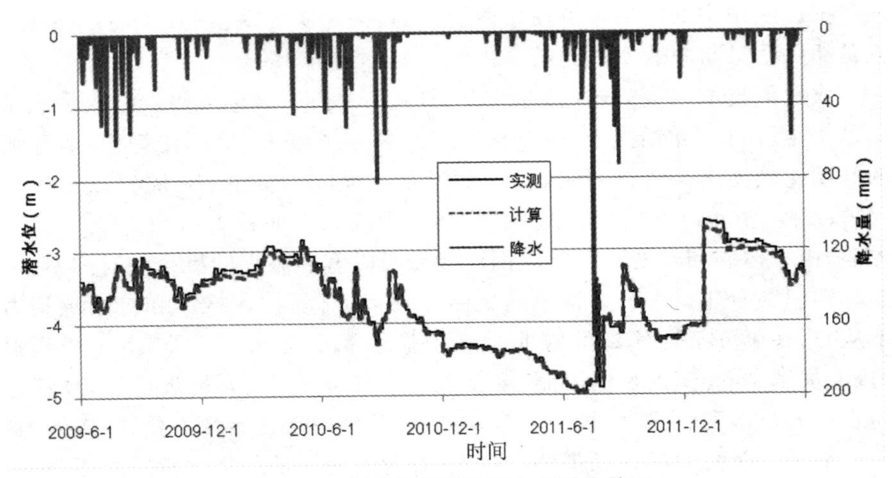

图 7-16　中试转化区地下水位拟合情况

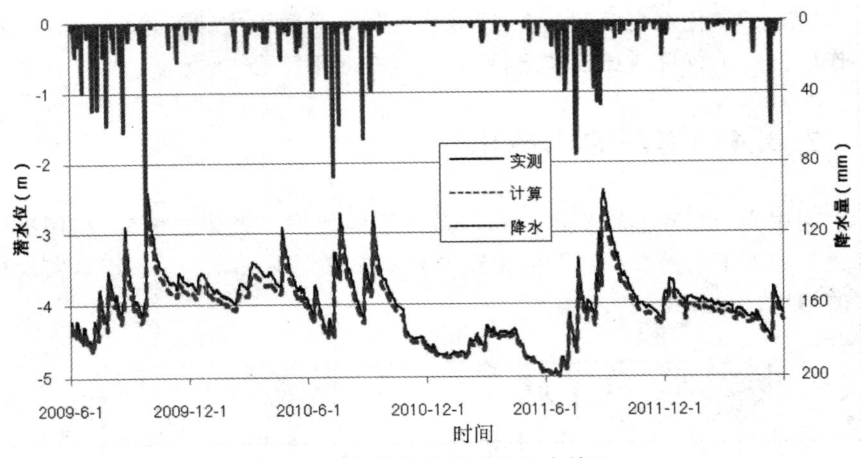

图 7-17　辐射区地下水位拟合情况

7.4.5　利用人工智能简化系统的操作

利用 SCE-UA 参数自动优选技术，将复杂的参数率定自动实现，以最简单直观的方式给农业生产一线的用户服务。

模型计算以日为时段长，根据逐日降水量和蒸发能力(由实测资料转换)，计算逐日地表及表层径流、地下径流、土壤蒸发量、潜水蒸发、地下水入渗补给量等通量及逐日上、下土层蓄水量和地下水蓄量(转换为地下水位)等。地表及表层径流和地下径流通过河网汇流计算得流域出流过程。

模型计算结果首先应根据水量平衡方程进行验算，在确保计算无误后，再检验模型对各种过程的模拟精度，并通过调整模型参数甚至修改模型结构，使拟合程度达到预期要求。

模型采用多目标 SCE-UA 算法，即依靠实测土壤含水率资料，对整个模型进行率定。同时，分层次分阶段地重点率定有关要素，以达到土壤水子系统模型率定的目的。

SCE-UA 算法的基本思路是将基于确定性的复合形搜索技术和自然界的生物竞争进化原理相结合。算法的关键部分是竞争的复合形进化算法（CCE）。在 CCE 中，每个复合形的顶点都是潜在的父辈，都有可能参与产生下一代群体的计算。随机方式在构建子复合形的应用，使得在可行域的搜索更加彻底。

如图 7-18 所示，如果待优化问题是 n 维问题，参与进化的复合形个数为 $p(p \geqslant 1)$，每个复合形包含的顶点数目 $m(m \geqslant n+1)$，计算样本点数目则为 $s=p*m$。

算法建议 $m=2n+1, q=n+1, \alpha=1, \beta=2n+1$。$p$ 值取决于待研究问题的复杂程度，p 值越大，越适宜于高阶非线性问题。

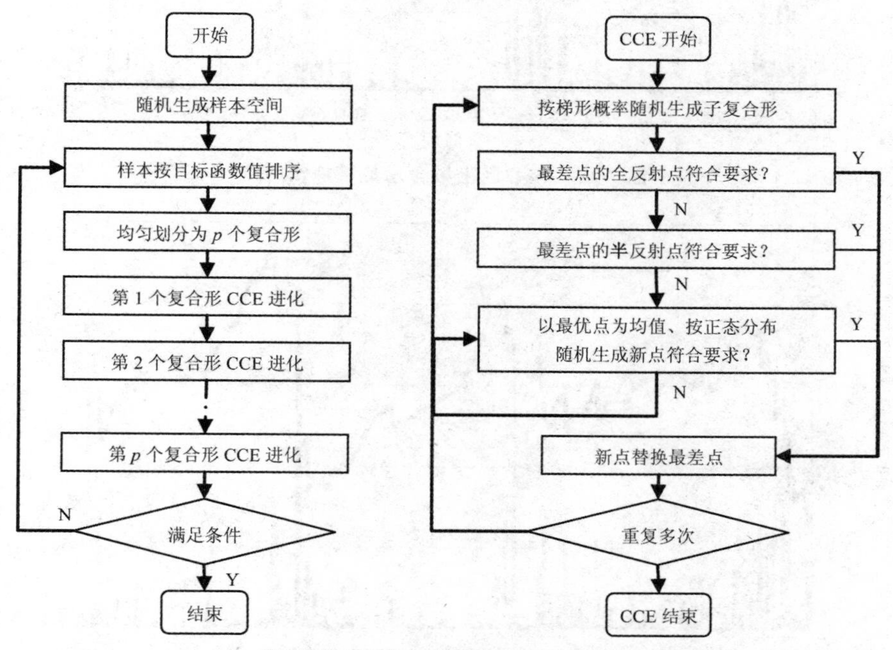

图 7-18　SCE－UA 算法 v2.1 流程图

7.4.6 推广期表现

系统根据历史资料和短期天气预报,模拟出土壤水和地下水的情况(图7-19～图7-21),结合作物生长情况,给出灌水提示。短期天气预报通过 http://www.wunderground.com/cgi-bin/ findweather 免费获取(图 7-22),也可以参考国内的天气预报。

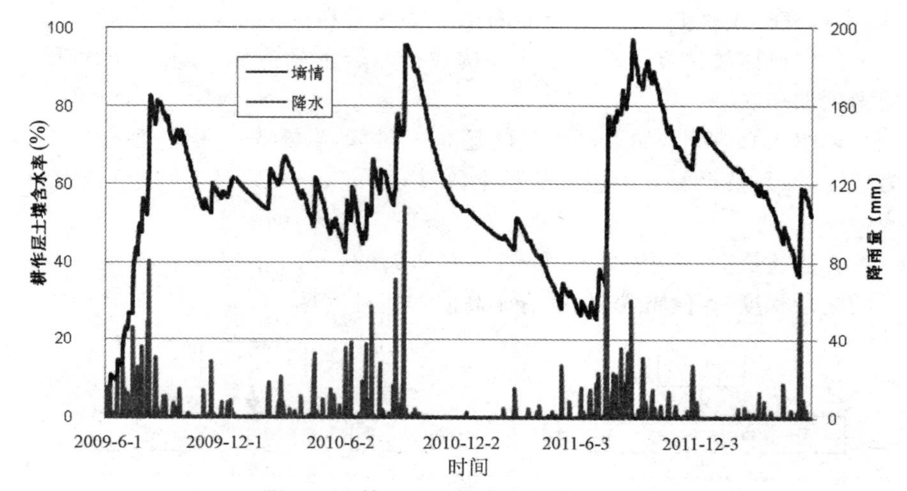

图 7-19 核心区土壤含水量模拟情况

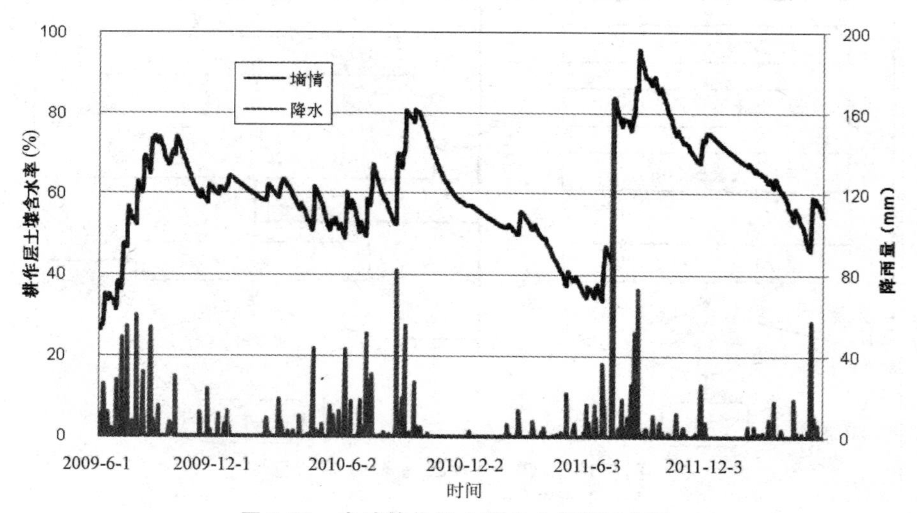

图 7-20 中试转化区土壤含水量模拟情况

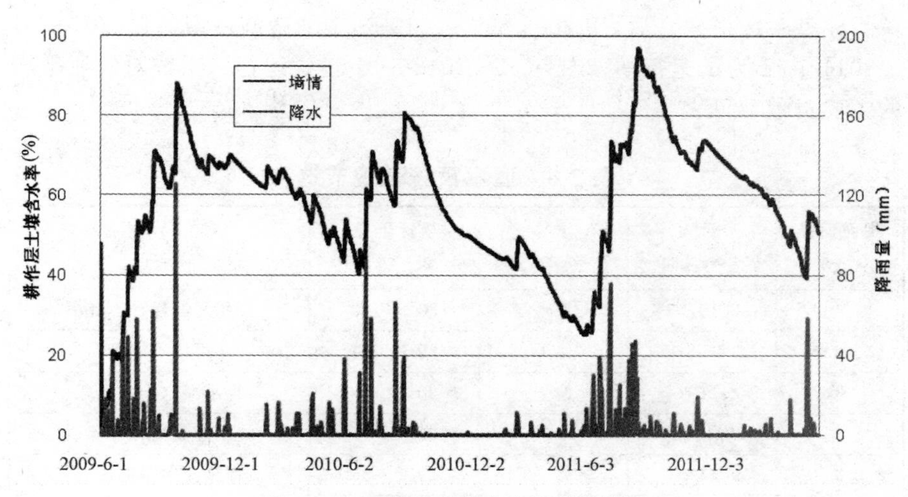

图 7-21　辐射区土壤含水量模拟情况

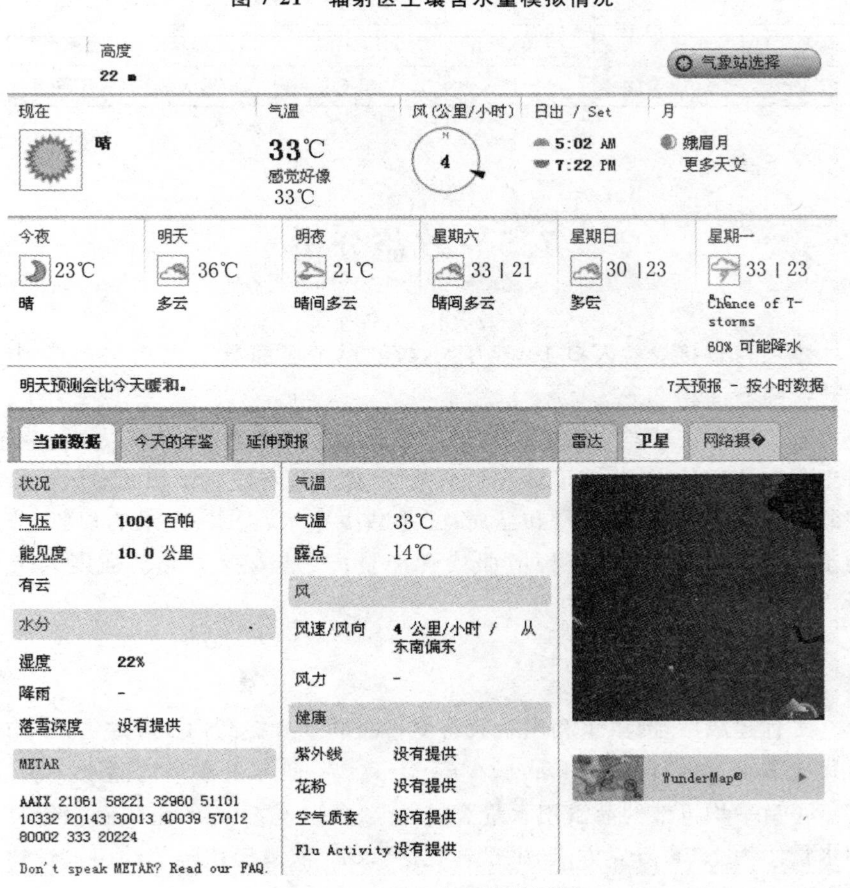

图 7-22　实时天气预报数据源

模型系统搭建之后，用 2009-6-1～2010-5-31 的微调模型参数，2010-6-1～2011-5-31 为试运行期，2011-6-1～2012-5-31 正式运行。系统对农业生产的主要贡献参见表 7-8。

表 7-8　灌水预警表现节选

提前预警（天）	干旱发生日期	干旱等级	实际干旱截止日期	系统贡献
2	2010-6-1	偏干	2010-7-10	提示灌溉播种不等雨
2	2010-8-18	偏干	2010-8-24	可以不灌溉
3	2011-1-1	偏干	2011-4-18	提示灌水避免减产
3	2011-4-16	干旱	2011-7-17	提示灌溉播种不等雨
3	2011-7-5	偏干	2011-7-16	提示灌水避免减产
/	2011-12-1	不旱	2012-2-1	避免农民冬小麦的习惯性灌水
2	2012-4-13	偏干	2012-5-14	提示灌水避免减产
4	2012-5-12	干旱	2012-6-1	提示灌溉播种不等雨

7.5　效益分析

本项目直接受益人口 10 多万人，核心示范区灌溉面积 0.53km²，中试转化区灌溉面积 2km²。

本工程经济效益主要体现在增产增收、减灾、节水、省工等方面。本项目工程实施后，一是改善了灌区用水条件，提高现有灌溉面积的灌溉质量和灌溉保证率，提高作物产量和品质；二是减少跑水、漏水、漫水等现象，节约的水量可以扩大灌溉面积，增加粮食产量；三是减少了劳动强度及劳力投入。

1. 节水效益

工程建成后，灌溉水利用系数将由目前的 0.6 提高到 0.8 左右，平均每亩每次灌水量由目前的 42m³ 减少到 31m³。一般年份按平均灌水 2 次计，每年每亩平均可节约灌溉用水量 22m³。项目区 0.53km² 灌溉面积年节约用水量约为 1.76 万立方米，中试转化区 2km² 灌溉面积年节约用水量约为 6.6 万立方米。

2. 省工效益

由于必须灌溉水量的减少，提高了农业生产力水平和生产效率，减少了农民的劳动强度及劳力投入；由于劳动方式的变化以及灌溉用水的减少，从而节约了能源，降低了生产成本，提高了经济效益。

3. 增产、增收效益

和对照田相比（指附近凭感觉灌溉的农田），模型系统指导下的灌溉，由于避免了干旱胁迫，核心示范区 0.2km^2，灌溉面积粮食作物平均每年增产约 75kg，每年可增加粮食生产能力 22.5t；中试转化区 2km^2，灌溉面积年平均每年增产约 63kg，每年可增加粮食生产能力 189t。

粮食平均价格按 2 元/千克计算，核心示范区每年增产粮食折款 4.5 万元；中试转化区每年增收 37.8 万元。

4. 减灾效益

项目实施后，有效避免了过度灌溉导致的地下水位的抬升，空出了一部分土壤水库库容，可以有效减少雨季涝渍的影响，但确切的减灾效益还有待长系列资料的支持。

5. 社会效益及生态环境效益

1)由于采用了先进的灌溉技术和农业生产手段，项目的实施可以改善劳动条件，减轻劳动强度，减少劳动用工，提高农业生产质量和生产力水平，促进农业产业化和农村经济的发展。

2)通过项目的实施，推广了灌溉节水技术和措施，节约用水，减少水费支出，改善农业供水管理体制和水价形成机制，使农民得到实惠，对巩固完善农村承包经营机制，增加地方财力，促进农村经济发展将起到重要的作用。

3)通过项目的实施，体现党和国家重视水资源的政策，体现了水利、财政部门对社会主义新农村建设的支持，更加密切党和政府同人民群众的关系，有利于促进农村的社会稳定。

4)项目区的建设，将对整个灌区乃至淮北地区新农村水利建设起到示范和推动作用，为“大农业”意识树立样板，能够营造出一种全社会都来重视农田水利和积极应用现代农业技术的良好氛围。

5)由于采用了先进的节水灌溉技术，节约了水资源，使灌溉适时适量；推广农业新技术可降低农田化肥的使用量，减少水体面源污染，减少地下水的入渗量和土壤养分流失，降低涝、渍害的威胁，有利于农作物生长环境的改善，从而达到稳产、高产和优质。

6)通过实施项目建设，充分利用地表水，合理利用地下水，便于保护水环境和开发利用水土资源，对于减少水土流失，改善生态环境，实现水土资源的可持续利用具有重要的意义。

6. 综合评价

本项目区所采用的节水灌溉技术在我国已趋成熟，节水技术的选型比较适合当地的生产习惯与农业种植结构，同时，该项目区以市、区水利局为技术依托，在技术上有保障。项目所在乡村干部、群众的热情很高，自筹资金落实，管理机构健全，各职能机构职责明确。项目区执行后，经济效益明显，年均可增加项目区亩纯收入近200余元，社会效益与生态环境效益也十分显著，在当地能够真正起到农田水利建设的示范推动作用。

第8章 丘陵区分布式土壤墒情模型

土壤墒情预报就是确定未来某一时期土壤含水量的状况，它对于农田灌溉排水的合理实施、农作物的增产与节约用水、提高水资源的利用率等均有重要作用。虽然目前国内外关于土壤墒情预报的研究已经取得了很大进展，但在许多方面还有所欠缺[133]。比如，现有的关于水量平衡模型的研究，一般都忽略土壤水分的侧向运移，只适用于平坦地区；采用联合国粮农组织(FAO)推荐的彭曼公式和相关参数计算参考作物蒸发蒸腾量，缺乏当地的作物系数等资料；流域或灌区尺度的区域土壤墒情预报研究较弱，尤其是对于作物混合种植、植被类型在空间分布上多样情况下的土壤墒情预测预报，方法还较少。

针对上述问题，本章尝试建立一个分布式土壤墒情模型：利用小单元分布式组合的方法描述下垫面的空间差异；单元采用水量平衡模型并考虑了土壤水的侧向运动，便于在地形起伏明显的地区应用；可以利用实测资料进行回归分析得到模型参数，进行作物蒸发蒸腾量、土壤含水量的预测。分布式土壤墒情模型在山东枣庄市的潘庄灌区进行了试用和检验，全灌区地形为丘陵、平原各占二分之一，地形东高西低。

8.1 模型结构

分布式土壤墒情模型是建立在数字高程模型(Digital Evelation Model，DEM)基础上，把研究区域划分为规则的计算单元。DEM的数据来源主要有遥感图像和地形图，通常是通过地形图的等高线生成[134]。本章首先对研究区域1：1万地形图进行数字化，然后在此基础上，生成了20m×20m分辨率的DEM，单元总数22340个。在每个单元上，根据作物蒸发蒸腾量预报和土壤水逐日递推模型滚动计算得到墒情结果；在相邻单元之间，根据坡度和土壤含水量差异计算土壤水的侧向运动。模型中包括地表产流、蒸散发、土壤水含水量、深层渗漏等水文过程，参见图8-1。

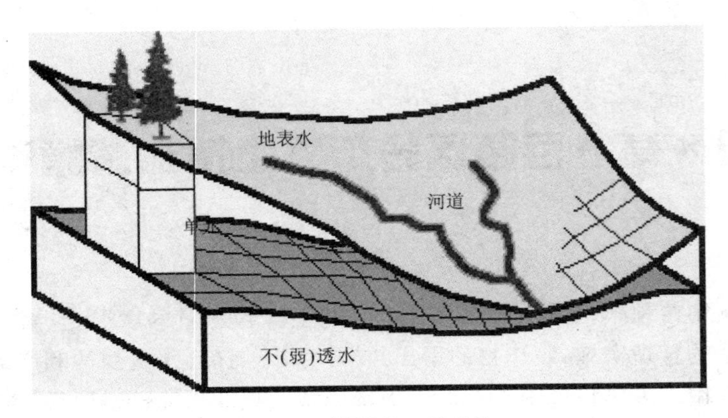

图 8-1 模型的三维结构

8.2 土壤水逐日递推计算

能够模拟土壤水消涨的方法很多,如经验性模型[135]、概念性模型[136]、机理模型[137,138]、时间序列模型[139]、随机模型[140,141]等。由于土壤水增加和消退的影响因素众多,土层水量变化复杂,模型的选择很难。鉴于大多数地区、灌区,其观测项目、资料长度、技术力量十分有限,本章选择最简单的水量平衡法来进行土壤水的逐日递推计算。

水量平衡法是将作物根系活动区域以上土层视为一个整体系统,输入项有降雨量、灌水量、侧向补给量、地下水向作物根系活动区域的补给量;输出项有作物蒸腾蒸发量、地面径流量、土壤中水分侧向流出量和深层渗漏量。根据水量平衡原理,可以写出作物根系活动区域的水量平衡方程,其数学表达式为:

$$W_{i-1}+P_{ei}+I_i+V_i+K_i-(ET_i+R_i+Q_i+G_i+W_i)=0 \tag{8-1}$$

式中,i 是时间节点编号,在日模型中是日序数;W_{i-1}、W_i 是第 $i-1$、i 日计算土层内的蓄水量;P_{ei} 是降雨补给量;I_i 是灌水量;V_i 是土层侧向补给量;K_i 是地下水向作物根系活动区的补给量,对于研究区域地下水埋深较大时,该项可以忽略;ET_i 是作物蒸发蒸腾量;R_i 是地面径流量,根据饱和下渗理论公式——Green-Ampt 模型计算各单元的地面产流量[142];Q_i 是侧向流出量;G_i 是深层渗漏量,当作物根系活动层土壤含水量大于田间持水量时,多余的水分渗漏到深层土壤中。上述水量单位均为 mm。

降雨补给量的计算公式为:

$$P_e=\alpha \cdot P \tag{8-2}$$

式中，P 是实测降雨；α 是为作物冠层截留系数，其值与降雨量、降雨强度、降雨延续时间、叶面积指数等因素有关。在实际应用中，降雨入渗补给系数根据当地农田喷灌实验结果得出。

若将土层蓄水量换算为相应时刻的土壤含水率，上式变形为：

$$\theta_i = \theta_{i-1} + \frac{(P_{ei} + I_i + V_i - ET_i - R_i - Q_i - G_i)}{(\beta H)} \tag{8-3}$$

式中，θ_{i-1}、θ_i 分别是第 $i-1$、i 日土壤体积含水率，单位%；H 是作物根系深度，单位 mm；β 是土壤孔隙率。当计算的 θ_i 大于田间持水率 θ_f 时，多余的水分渗漏到深层土壤中。

利用上式推求 θ_i，应在递推初始日实测一次土壤含水率，或者选择生育期以前的一次降透雨，或者灌水之后 1～2d 作为初始日。每次灌水或降透雨都将改变 θ_i 的变化趋势，在进行逐日土壤水量平衡计算时应作为新的初始状态，进行新的递推。

8.3　壤水侧向运动

在分布式墒情模型中，依据使用资料分辨率的不同，网格间土壤水横向运动的距离短的几米、长的会达到几十米以上。如此长的距离当中人为与生物扰动等不确定因素太多，不适合套用微观尺度下的解析解。本章采用概化的计算方法：假定地形对近地表土壤水的影响与地表水一致，按照 8 流向法的原则确定每一个单元的下游单元[143]，按照达西定律有：

$$v_{i+\frac{1}{2}}^{j+\frac{1}{2}} = k(\theta_{i+\frac{1}{2}}^{j} - \theta_{i+\frac{1}{2}}^{j+1})\frac{Z^j - Z^{j+1}}{\Delta L^{j,j+1}} \tag{8-4}$$

式中，j 是单元空间编号；v 是土壤水分通量；k 是不饱和水力传导度[144,145]；Z^j 和 Z^{j+1} 是单元的地表高程；ΔL 是单元中心点之间的距离。

则第 j 单元在 $i-i+1$ 时段的出流量为：

$$Q_{i,1+1}^{j} = v_{i+\frac{1}{2}}^{j+\frac{1}{2}} \frac{\theta_i^j}{\theta_f} \Delta t \tag{8-5}$$

第 $j+1$ 单元在 $i-i+1$ 时段的入流量是该单元几个上游单元出流量的总和，即

$$V_{i,1+1}^{j+1} = \sum_n Q_{i,i+1}^{j} \tag{8-6}$$

式中，n 是第 $j+1$ 单元的上游网格数量，取值为 0（没有上游网格）到 7（填平计算时的洼地中心）。

8.4 检验与应用

首先利用实测的气象资料，以 FAO 的彭曼公式计算的参考作物蒸发蒸腾量作为参考值，对预报的参考作物蒸发蒸腾量进行了检验。计算值和参考值的比较结果是：相对误差均在±25%以内，其中相对误差小于±20%的占 90.3%，小于±10%的占 64.8%，与参考值比较吻合。由于实测资料受多种随机因素的影响，而计算值是对各种天气条件下历史资料的综合，具体到某一天必然与实际情况有所偏差，据此认为预报精度是可以接受的。

利用编程软件按照分布式模型的构架建立模型[146]，利用灌区的孟岭、李楼、常庄 3 个土壤墒情监测点资料，见图 8-2，对整个模型进行了检验。注意图中的灌溉渠道大多以水泥板或砂浆石块衬砌，所以没有在分布式模型中考虑。其中孟岭接近丘陵区顶部；常庄在平原区；李楼在丘陵与平原的交界区。选择各测点 5cm、20cm、40cm 土壤含水量的平均值作为作物根系层的平均土壤含水量。由于该地区地下水埋深在 3m 以上，且缺乏可靠的地下水位观测点，模型中暂未考虑地下水。

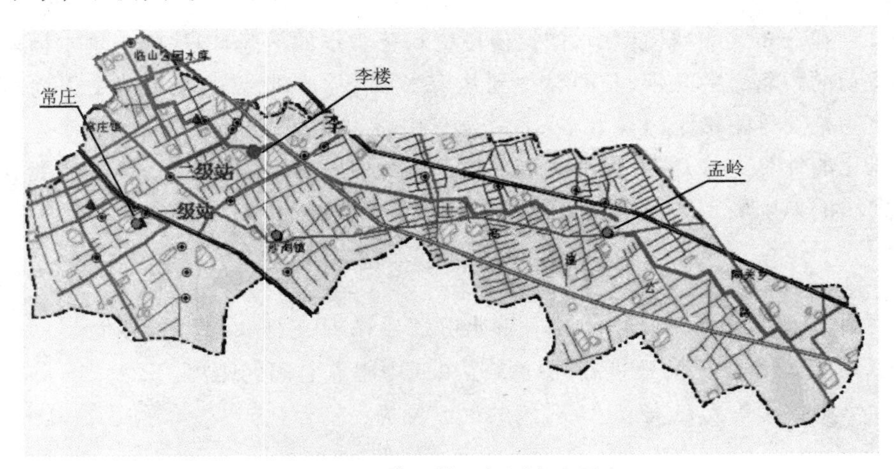

图 8-2　灌区简况与测点布置

模型以 2004 年 1 月 1 日开始预报计算，在此之前有 3 个月的预热期以得到模型尤其是土壤含水量的初值，土壤孔隙度按照当地的试验资料取 0.36；作物根系深度取 600mm。整个区域计算一年，把对应时间和位置的计算值与实测值比较，见图 8-3 和图 8-4，结果表明模型计算值基本上能够把握实际的土壤含水量状况，尤其是在土壤含水量小于 25%的时候。考虑到该模型的主要用途在于干旱预警以及相应的需水量预测,在实测资料有限的情况下暂时不针对偏湿时的误差进行修正。

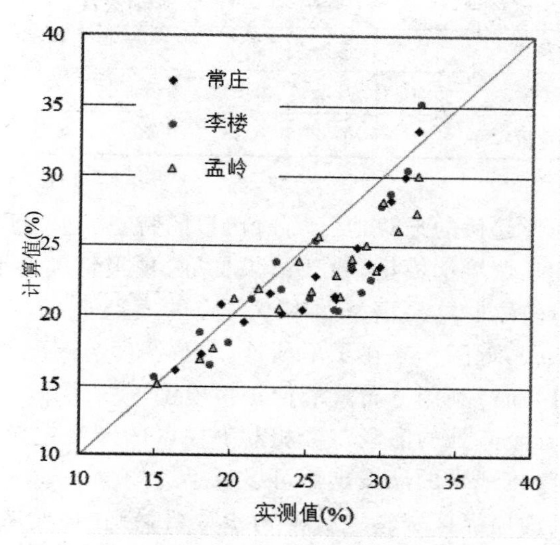

图 8-3　考虑土壤水侧向运动时土壤湿度结果(直线为 45°参考线)

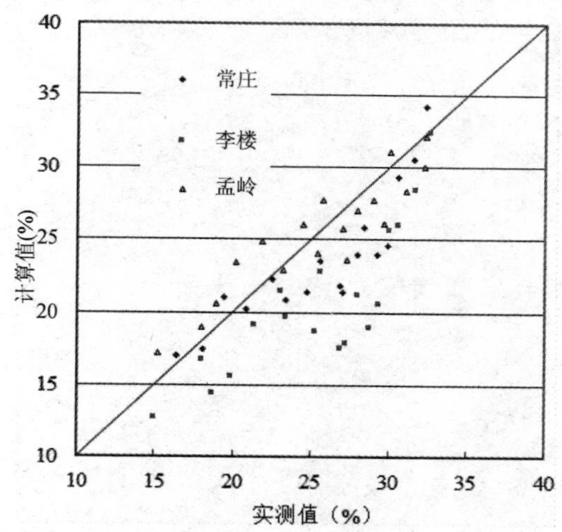

图 8-4　不考虑土壤水侧向运动时土壤湿度结果(直线为 45°参考线)

如果计算时不考虑土壤水的侧向运动,在丘陵地区的孟岭站计算结果在干旱期略偏大;在丘陵与平原交界区的李楼站计算结果偏小;在平原区的常庄站相差不大。这说明在地形起伏的丘陵地区,考虑土壤水侧向运动的模型更为合理。另外统计结果(表 8-1)也表明,考虑土壤水侧向运动的模型计算结果更为合理,尤其是在土壤含水量偏干的时候。

表 8-1　考虑与忽略土壤水侧向运动时验证的相关系数

分项统计	常庄(平原)		李楼(过渡带)		孟岭(丘陵)	
土壤水侧向	考虑	忽略	考虑	忽略	考虑	忽略
全部测点	0.89	0.88	0.83	0.81	0.92	0.89
偏干时(θ<0.25)测点	0.92	0.93	0.90	0.87	0.93	0.91

上文针对地形起伏的丘陵地区墒情预报的特点，建立了考虑土壤水侧向运动的分布式土壤墒情模型，验证结果良好，预报精度有明显提高，特别是在土壤含水量较小时结果更好。本章研究的模型于 2005 年开始在潘庄灌区进行作业预报，近两年来在干旱预警、水量调度与调配等方面发挥了重要的作用。此外，通过利用分布式墒情预报模型进行优化灌溉还可以发现，在相同条件下，丘陵高处的灌溉定额相对平原区的灌溉定额要增加 20%左右；丘陵与平原交接地带的灌溉定额可以减小约 30%。

利用现有的潘庄灌区资料进行了初步分析，旨在证实考虑土壤水侧向运动的模型更适用于起伏地形下的墒情预报。在具体应用时还需要更完备的实测资料和进一步的研究分析。

第9章 用于流域洪水预报的分布式水文模型

根据实测降水过程进行洪水流量和水位预报，是水文行业的传统项目。传统方法中，多采用集总式水文模型或者统计经验模型完成。随着信息采集技术的发展，分布式水文模型在水文预报中也占据了一席之地，本书以黑龙江分布式水文模型预报方案为例加以说明。除此之外，分布式水文模型因其在输入输出、暴雨中心把握等方面的空间优势，在暴雨致洪预警、淹没区预警等方面，都将发挥出极大作用。

9.1 任务背景

黑龙江分布式水文模型预报系统是黑龙江省水务局预报系统项目的子专题，针对拉林河、蚂蚁河、牡丹江以及汤旺河流域开发分布式洪水预报系统，建设目标包括：

1）充分利用数字流域平台提供的功能构件及模型库、方法库支撑。

2）用户能够根据流域自然地理和洪水特性，在四条河的范围内任意指定节点、构建基于分布式水文模型的自定义预报方案，系统在线确定流域边界、提取流域范围、能够给出合理的推荐参数和相关的计算默认值。

3）根据实时雨水情况信息和降雨预报过程，完成各流域控制站和关键节点的的洪水预报，提出预报结果。

4）能够进行水库的洪水调度计算，包括给定调度规则的调洪演算、给定闸门开启方式的调洪演算、给定出库流量的调洪演算和给定限制水位的调洪演算，完成河系连续预报。响应用户的操作，模拟出蓄滞洪区等的运用对洪水过程的影响。

5）具有自动预报功能和人机交互式预报功能。

6）具有自动校正功能，能够根据实测的水位和流量信息实时修正预报成果，提高洪水预报精度。

7）预报模型和预报方案要有参数人工修正和自动修正功能。

8）能够考虑基于气象卫星、天气雷达、地面雨量站相结合的多源信息融合技术，与气象预报结果相连接，根据未来的可能雨情变化，进行洪水预报模拟计算，有效提高洪水预报的预见期。

9）基于地理信息系统，以图形和表格方式查询历史洪水信息，实时雨量和水位过程，显示预报结果。

10）构建预报方案时，能够考虑中小河流缺乏实测资料的特点，在精度上和时效上都应满足中小河流预警预报的要求。

9.1.1 与其他单项工程的关系

除数据库以外，该专题不直接与该子系统以外的其他子系统发生关系。在该子系统内，本单项工程与其他部分的关系如下。

1）基本输入为从数据库提取的、经同化及拼接后的空间分辨率为1km×1km，时间频次为1h的降雨过程。该过程预留雷达观测反演实时降雨、卫星云图反演实时降雨的输入接口。

2）本系统应能通过水文平台提供的工具从相关数据库中读取水雨情等信息，以便进行率定预报、分析、预报调度耦合等作业。

3）数字高程模型、土地利用、植被、土壤等空间信息通过数字水文平台提取。

4）预报成果（含特征值、过程、中间结果及参数、状态、结果的空间分布）写入有关数据库，供其他部分使用。

9.1.2 总体设计

分布式模型洪水预报系统是以分布式水文模型为核心的洪水预报系统，可在实测数据的支持下相对独立地运行，主要包括数字流域和水文模拟两大部分。

数字流域构建是应用分布式水文模型的基础。数字流域构建主要包括以下几个方面：①在电子地图的基础上生成DEM；②利用DEM生成空间为1km的数字流域特征，包括坡度、河长、河网、流域边界、子流域面积等基本要素；③各种流域特征的空间分布显示。

水文模拟又分产流计算和汇流计算，该项目中设计的分布式网格单元产流模型为两种，分别为新安江模型和SCS曲线数模型。流域汇流模型采用基于单元网格的回流模型和基于单元流域的汇流模型，前者包括地表径流汇流（连续方程和曼宁公式）、地下径流汇流（运动波模型和线性水库模型）和网格单元间汇流（多流向方法），后者包括三水源滞后演算汇流模型和等流时线法。河道汇流采用马斯京根分段连续演算模型。从卫星遥感信息及调查资料中提取流域地形、地质、地貌、植被等空间分布信息(指标),建立上述模型参数与分类指标之间的关系,由此可实现分布式水文模型参数的网格化。

考虑到雷达系统目前尚不能覆盖整个流域,根据地面雨量站雨量资料进行空间插值以得到单元网格的雨量过程是非常必要的。同时,为提高系统预报精度,设计中采用实时校正计算。

9.2 流域概况

9.2.1 自然地理

拉林河发源于长白山张广才岭的背阴山西麓,全长448km,流域面积21844km^2,年径流量变化极大,在23亿～62亿立方米之间。汇集高山融雪的拉林河与牤牛河流经五常县境内,因水量大、水质好,造就了闻名世界的五常大米。拉林河流域每年11月中旬至次年4月上旬为结冰期。水源丰富,主要靠多条高山融雪和地下水补给。最上游建有磨盘山大型水利枢纽、支流牤牛河建有龙凤山大型水利枢纽;中游右岸建有五常灌区,可灌溉农田53.3km^2;引拉灌渠总长81km,可灌溉农田160km^2。该流域是黑龙江、吉林两省水稻主要产区之一。

蚂蚁河是黑龙江省的一条河流,为松花江的支流,发源于张广才岭老爷岭西侧尚志市鱼池乡境内虎峰岭西南坡的蚂秃岭,河源海拔高程700m,干流由河源自西向东流经尚志市、延寿县、方正县,于方正县的松南乡老龙岗西注入松花江右岸。蚂蚁河一面坡以上为上游,比降为1/600;一面坡至延寿为中游,比降为1/1500;延寿至河口为下游,比降为1/2000。上游丰水期最大水面宽约140m,水深2.6～4.6m,流速1.7～2.6m/s;枯水期最大水面宽60m,水深0.7m,流速0.2m/s。

牡丹江市位于黑龙江省的东南部,地处中、俄、朝合围的"金三角"腹地,北邻哈尔滨市的依兰县和七台河市的勃利县,西邻哈尔滨市的五常市、尚志市、方正县,南邻吉林省的汪清县、敦化市,东邻鸡西市、鸡东县,并与俄罗斯接壤。全市共有林地面积244.3万公顷,森林覆盖率62.3%。树种有25科百余种,主要优质木材有红松、落叶松、樟子松、云杉、冷杉、水曲柳等。林区土特产资源十分丰富,各种可开发利用的野生经济植物2200余种,其中药用植物500余种,年贮量20余万吨,主要品种有山参、细辛、刺五加、黄芪、杜鹃、五味子、桔梗、防风等。可食用的山野菜有80余种,其中蘑菇、木耳、松茸、蕨菜、薇菜、刺老芽等被视为"山珍""天然无污染绿色食品",畅销海内外,年蕴藏量40万吨。可开发利用的山野果有红松籽、榛子、山核桃、山葡萄、刺玫果等15种,年贮量15万吨。此外,在林区还栖有东北虎、梅花鹿、狍子、黑熊、野猪、狐狸等18科53种珍稀野生动物。鸟类资源有48科256种。截至2012年,已发现的矿产有煤、黄金、大理石等78种。旅游资源丰富,全市境内拥有可开发的景点450余处,其中,自然景观约有270处,人文景观约有180处,已开发并具备接待能力的自然、人文景观230处。

汤旺河是黑龙江水系的松花江下游的一条主要支流,被誉为松花江干流的北岸第一河。汤旺河源头发源于伊春市汤旺河区所辖的小兴安岭中北部,流经伊春和佳木斯两市。河流全长509km,流域面积21245km^2,多年平均径流量55.2亿立方米。汤旺河区(局)是国家大二型企业,是伊春林区主要的木材生产基地之一,地域广阔,有得天独厚的森林资源,森林覆盖率84.3%,林业施业区总面积2153.51km^2,现森林总蓄积1400万立方米,20世纪70年代木材产量在40万立方米以上,20世纪90年代后逐步减产,截止到2006年末,汤旺河累计为国家提供商品材1600余万立方米,实现利税6.5亿元。天保工程实施后逐年调减,2006年木材产量为17.6万立方米,预计到2010年产量逐步调减到6.2万立方米,以达到森林生态恢复的目的。

9.2.2 河流水系

拉林河是松花江右岸的一级支流,为吉林和黑龙江两省的界河,也是松花江干流源头之一,流域总面积21844km^2,其中黑龙江省境内流域面积11290km^2。流经黑吉两省,中下游是两省界江。大支流牤牛河和溪浪河的水量大于上游干流。其他支流还有石头河、卡岔河等。

蚂蚁河海干流全长283km,河道弯曲呈"L"形,干流与最大支流东亮珠河在平面图上构成三角符号"△"。蚂蚁河支流众多,河网密集,水量充沛,大小支流300余条。主要支流有19条,河系分布很不对称。左侧纳入石头河子、黄泥河、苇沙河、大连河、二里地河、岔怒河、大亮子河、东柳树河、太平川、西柳树河、大柳树河、桶子河;右侧纳入大黄泥河、小石头河、乌吉密河、华炉河、东亮珠河、大石头河、小黄泥河,其中东亮珠河最大,流域面积为2608.5km^2,发源地与蚂蚁河毗邻,河源高程为700m,全长138km。

牡丹江市有大小河流750多条,较大河流有牡丹江、乌苏里江、穆棱河、绥芬河、海浪河、乌斯浑河等。牡丹江是松花江第二大支流，源于吉林省长白山脉的牡丹岭，向北流入黑龙江省，经宁安、牡丹江市、海林、林口，在依兰县城附近汇入松花江，全长 726km，流域面积 3.1 万平方千米。上游干流奔行在张广才岭和老爷岭之间，河谷狭窄。在宁安县南部干流被火山熔岩流堵塞，形成镜泊湖。吊水楼瀑布以下至桦林为中游，河谷较宽，河谷盆地呈串珠状排列其间。桦林以下为下游，河谷较狭窄，在依兰县长江屯以下进入平原区。在牡丹江市辖区内长 397km 的乌苏里江中苏界河，是黑龙江支流，上源为松阿察河与兴凯湖。松阿察河发源于苏联境内的锡霍特山脉南段西麓，从源头到河口全长 890km。穆棱河源于穆棱县境内窝集岭，流入乌苏里江，全长 834km。全市有大小湖泊 1200 多个，较大湖泊有镜泊湖、兴凯湖。位于牡丹江市西南 110km 的镜泊湖，是火山爆发后熔岩堵塞河道而形成的高山堰塞湖，海拔在 350m 以上，湖面面积 98km^2，平均深度 45m，是中国最大高山堰塞湖，位于密山县中苏边境上的兴凯湖是火山爆发后形成的，在我国境内，湖面面积达 1190km^2，约占总面积的 1/4。

汤旺河是松花江下游的一条主要支流，被誉为松花江干流的北岸第一河，流域面积 21245km^2。地表水资源总量为 55.2 亿立方米，占全流域水资源总量的 80%。汤旺河干流纵贯伊春市南北，在境内长达 402km，属山溪性河流，流域内峰峦叠嶂，沟谷密布，河网呈树枝状，流域形状近似梨叶。干流大部分穿行于狭谷之间，水流湍急，河流弯曲，河床多浅石滩，不易行舟。汤旺河共汇集大小支流、沟、溪 611 条，其中，较大的支流除东、西汤旺河外，从上游到下游有清河、头清河、援朝河、抗美河、红旗河、向阳河、丽林河、丰林河、五营河、长青河、友好河、双子河、伊春河、梅花河、大西林河、五道库河、小西林河、大昆仑河、小昆仑河、大丰河、小柳树河、大柳树河、西南岔河、朱拉比拉河、小亮子河、亮子河、京京河、浩良河等 30 余条。其流域是小兴安岭林区，盛产红松、云杉、冷杉、白桦等木材，是我国重要木材产地，素有“红松故乡”之称。其上游建有我国著名的丰林原始森林自然保护区。

9.2.3　水文气象

拉林河流域一月平均气温 −30.9℃～14.7℃，极端最低气温为全国最低纪录。夏季普遍高温，平均气温在 18℃ 左右，极端最高气温达 41.6℃。年平均气温平原高于山地，南部高于北部，年平均气温 2.4℃～3.6℃，年均降雨量 481～691mm，无霜期 121～140d。

蚂蚁河流域多年平均气温 2.3℃～3.4℃，属寒温带大陆性季风气候。全年无霜期在 120～135d 之间。地表水主要靠大气降水，由于受降水分布和下垫面条件等因素的影响，年径流年内和年际间变化差异较大，在畅流期径流特性与降雨特性基本相同，但在初春季节径流受冬季积雪冻冰融化影响，易使径流集中，形成春汛。蚂蚁河流域属温带大陆性季风气候，径流的来源主要为降水，因此洪水主要是暴雨所致。但由于山区冬季积雪，春季融雪时产生春汛。该流域虽然以夏汛为主，夏汛大于春汛，较大洪水大部分发生在8月份。但个别年份夏汛较小时，春汛大于夏汛。

牡丹江市东南濒临日本海，相距1000km。受海陆巨大热力差异的影响，形成海洋(半湿润型)中温带季风气候特征。夏季，风从海洋吹向陆地，暖热多雨。冬季，风从大陆吹向海洋，寒冷干燥。牡丹江地处盆地，四面环山，四季分明。西部山脉阻挡沙尘暴的入侵，使得牡丹江地区免受沙尘天气。

汤旺河属中温带大陆性湿润季风气候。除受纬度、地理条件和大气环流控制外，还受森林和局部地形影响，致使汤旺河四季气候变化很大。年平均气温为0.2℃，年降水量为626.9mm，年日照时数为2190h，年最大降水量为832.7mm，出现在1985年。无霜期为111d，大于或等于10℃的积温为2067.4℃，积温最多年份是2000年，为2758.8℃，最少年份是1976年，积温为1781.6℃。四季气候特点为：春秋两季时间短促，冷暖多变，升降温快，大风天多；夏季湿热多雨；冬季严寒漫长，降雪天较多。年平均降水量750～820mm，降水量较充沛。水资源总量102.6亿立方米。夏汛洪水发生在6～9月份，以7～8月份出现次数为最多，约占总数的70%，多因局部暴雨、大暴雨或全流域降雨所产生。

9.2.4 地质特性

拉林河研究区属东北黑土区，土壤类型主要包括黑土、黑钙土、暗棕壤、草甸土和白浆土，土壤侵蚀类型以水力侵蚀为主。

蚂蚁河发源于尚志市鱼池乡虎峰，海拔高程为700m，地形三面环山，地质主要由斜长角闪岩，黑云变粒岩，钠长浅粒岩，电气变粒岩，电英岩，白云质大理岩，蛇纹橄榄白云质大理岩组成的含硼岩系。大部分变质岩都残存于似层状花岗岩中。平行不整合于荒岔沟(岩)组之下，未见底，出露厚度大于786m。

市区中部是牡丹江河谷盆地，整个地区凸现山势并且连绵起伏，亦纵横河流，被称为“九分山水一分田”。地形则是以山地、丘陵为主，呈现出中山、低山、丘陵、河谷盆地四种地质形态。全市平均海拔高度230m，牡丹江地区的海拔最高处位于张广才岭的白突山，其海拔高度为1686.9m；而海拔最低地区则是位于绥芬河市与俄罗斯的边境地区，为86.5m。

汤旺河区地势多为低山丘陵相间的山地，平均海拔高度为436.6m，最高海拔786.9m，最底海拔156m。一般坡度为5°～20°，局部地区最大坡度达40°～50°。山脉属小兴安岭山系，由西向东、东南方向延伸，主要山峰有磨石山、守虎山、岭北山、河鱼山、二龙山、小巨山、大青顶等。河流主要有汤旺河水系、结烈河水系、库尔滨河水系，分别是松花江和黑龙江的支流，汤旺河水系全长509km，流经伊春全境，是伊春的母亲河，有东汤旺河、西汤旺河、二青河、白桦河、通江河、汤洪沟等支流。结烈河水系全长77km，是黑龙江的支流，有翁泉河、大翁泉河、木营河、栖林河、蛤蟆河、东南岔河等支流，流经汤旺河区、新青区、嘉荫县。库尔滨河水系是黑龙江的支流，有霍吉河、克林河、滨河等支流。

9.2.5 水文站网

4个流域的水文站网如表9-1～表9-4所示。

表9-1 拉林河流域水文站网一览表

序号	站码	站名	站别	经纬度(°)		集水面积(km²)	选用
				经度(°)	纬度(°)		
1	11001710	冲河桥	水文站	127.737000	44.662000	1089	是
2	11000400	向阳山	水位站	127.412000	44.620000		
3	11000500	五常	水文站	127.088000	44.862000	5642	是
4	11001100	四平山	雨量站	127.796000	44.571000	536	是
5	11001510	大碾子沟	雨量站	127.063000	45.088000	5241	是
6	11001810	老街基	雨量站	127.972000	44.979000	386	是

表9-2 蚂蚁河流域水文站网一览表

序号	站码	站名	站别	经纬度(°)		集水面积(km²)	选用
				经度(°)	纬度(°)		
1	11007500	青云	水位站	128.504000	44.945000	1333	
2	11007600	一面坡	水位站	128.071000	45.071000	2334	
3	11007650	尚志	水文站	127.987000	45.213000	2498	是
4	11007700	延寿	水文站	128.354000	45.446000	5627	是
5	11007910	莲花	水文站	128.721000	45.805000	10425	是
6	11008110	杨树	水文站	128.296000	45.389000	975	是
7	11008210	中和	水文站	128.737000	45.671000	2450	是

表 9-3　牡丹江流域水文站网一览表

序号	站码	站名	站别	经纬度(°)		集水面积(km²)	选用
				经度(°)	纬度(°)		
1	11100900	石头	水文站	129.329000	44.171000	13771	
2	11101110	牡丹江	水文站	129.571000	44.545000	22194	是
3	11101400	长江屯	水文站	129.596000	45.988000	35879	是
4	11103200	二吕村	水文站	128.755000	43.955000		
5	11104300	长汀子	水文站	128.904000	44.480000	2424	是
6	11104410	海林	水位站	129.380000	44.554000	3619	
7	11104600	横道河子	水文站	129.063000	44.813000	145	是
8	11104710	西桥	水文站	129.687000	44.787000		
9	11104910	荒沟	水文站	129.579000	45.362000	1327	是
10	11105110	大盘道	水文站	130.079000	45.630000	3288	是

表 9-4　汤旺河流域水文站网一览表

序号	站码	站名	站别	经纬度(°)		集水面积(km²)	选用
				经度(°)	纬度(°)		
1	11107600	汤旺	水位站	129.571000	48.445000	1089	
2	11107710	五营	水文站	129.246000	48.137000	4160	是
3	11107920	伊新	水文站	128.938000	47.721000	10272	是
4	11108200	西林	水位站	129.312000	47.471000	13115	
5	11108320	晨明	水文站	129.478000	46.971000	19186	是
6	11108820	伊春	水文站	128.854000	47.721000	2436	是
7	11109120	南岔	水文站	129.246000	47.138000	2582	是
8	11109710	带岭	水文站	129.012000	47.038000	677	是

9.3　数字流域构建

数字流域构建是本系统的基础，其主要任务是依据 DEM 完成分布式水文模型所需的网格化的各类地理信息的计算。数字流域构建涉及的信息共有三大类,分别为地形图、土地利用图、土壤图等。

数字流域构建功能主要包括以下几个方面:①在电子地图的基础上生成 DEM;②利用 DEM 生成空间为 1km 的数字流域特征,包括坡度、河长、河网、流域边界、子流域面积等基本要素;③各种流域特征的空间分布显示。

9.3.1 数字流域构建实施方案

根据电子地图生成 DEM,并由 DEM 计算数字流域特征值。该子系统所需的基础数据包括 1∶5 万地形图和实际水系、1∶25 万流域土地利用图(包括植被类型、植被度、水域、城市、农田、裸地、土壤类型等),在此基础上,寻找水文模型参数与土地利用状况的定量关系,使分布式水文模型结构和参数更确切地反映流域产汇流机理和过程。

数字流域和数字水系生成方法包括数字化流域要素:①通过数字化方法,把流域地形图等高线和实际水系输入计算机,生成 1km 网格上的标量矩阵,以便在生成数字水系、子流域边界、数字坡度等要素时使用。②通过数字化方法,把流域土地利用状况输入计算机,生成 1km 网格上的标量矩阵,用于模型参数率定。

数字流域和数字水系计算方法:基于 DEM 的流域特征提取方法,包括①DEM 洼地识别与处理、栅格流向的确定(D8 方法);②结合 DEM 和实际水系矩阵,修正丘陵和平原区网格流向;③河网提取,确定每个网格的流向之后,根据这些流向将河网提取出来;④计算集水面积,沿最陡坡度原则确定的水流路径可计算任一栅格单元的上坡集水面积,从而产生一个包含每一栅格单元上坡集水面积的新数阵;⑤流域划分和边界线确定, 包括流域分水岭识别,首先要给定流域出口断面的位置,即出口断面所在栅格单元的行列坐标。一旦出口断面位置确定,就可按前述确定的栅格流向搜索并勾划流域边界,最终获得一个定义流域内外的数阵。

9.3.2 数字高程流域水系模型

在数字流域构建中主要以数字高程流域水系模型 DEDNM(Digital Elevation Drainage Network Model)为基础,结合实际河流的数字化,进行数字流域特征的计算。数字高程流域水系模型 DEDNM 又称 TOPAZ (Topographic Parameterization),是由 O'Callaghan 和 Mark 提出的,是基于栅格 DEM 数据的集地形要素计算、河网水系识别、分水岭勾划和子流域分割于一体的自动数字地形分析工具，能给出如下结果：①栅格水流流向；②流域分水岭；③自动生成的河网及子流域；④河道与子流域的编码；⑤河网结构拓扑关系。数字高程流域水系模型是数字水文模型运行的基础，其构建流程图如图 9-1 所示。

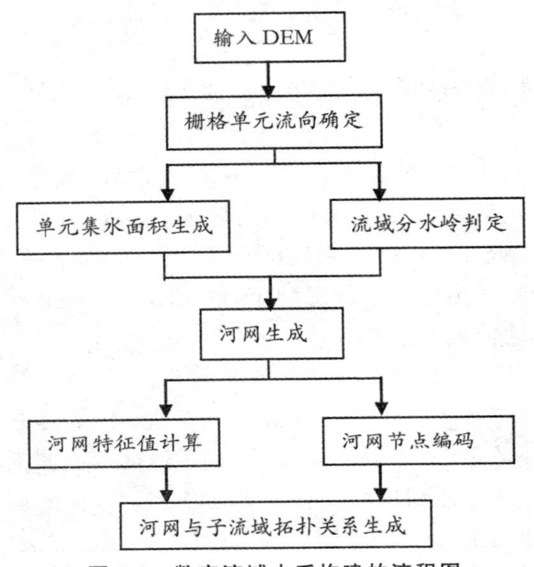

图 9-1　数字流域水系构建的流程图

1. 栅格流向的确定

首先计算每一栅格单元与相邻 8 个单元之间的坡度，然后按最陡坡度原则设定该单元的水流流向。具体方法是依据最陡坡度原则，假定水流方向唯一，对比每一网格与相邻 8 个网格的中心点高程之间的距离权落差，从而得出该网格的水流方向，即水流离开此网格时的指向（以下简称流向）。流向数据可以通过对某一网格相邻的 8 个网格进行编号来表现。

2. DEM 洼地识别与处理

洼地可分为两种类型：阻挡型洼地和凹陷型洼地。对阻挡型洼地，通过降低阻挡物所在处的高程，使水流穿过障碍物；而对凹陷型洼地，采用将洼地内所有栅格单元垫高至洼地周围最低栅格单元的高程。

经初始判断所得的水流方向数据生成的河网会出现不连续的现象，一般采用填平的方法来处理流域中的凹陷区域。填平的处理方法来源于水流注满溢出的思想，即随着水流注入洼地，可认为洼地的底部高程随之抬升，直至与周围高地相平，能使水流溢出，具体步骤如下。

1)设定迭代步长。设一定值 x,作为填平时网格高程增高迭代的步长。为减少迭代次数和减小高程改变对整个区域流向的影响,取 x 为小于垂向分辨率的值。

2)洼地网格高程增高迭代。按栅格高程存储顺序逐一检查非区域边界上的各个网格的水流方向数据,若其为0,则取其高程值为相邻网格中心点高程最低者的高程值,并增高步长 x,重新判断其流向,直至该网格水流方向数据不再为0。

3)重新判断全流域流向。由于一个网格中心点高程的改变势必影响其相邻网格的水流方向,故而需对其相邻网格重新逐一进行水流方向判断计算,确定新的水流方向数据。如此反复,直至所有网格(边界上网格除外)的水流方向数据满足约束条件:水流方向数据不为0。

4)水流累积值计算。它的基本思想是,认为以规则网格表示的DEM中每个网格中心点处有一个单位的水量,按照水流从高往低流的自然规律,根据区域地形的水流方向数据计算流经每个网格的水量数值,便可得到该区域水流累积值栅格。即由权值为1的权矩阵生成水流累积矩阵。

5)根据各个网格的水流方向数据生成河网。依据当地的地形特征和DEM的尺度和分辨率确定集水面积阈值(水流累积值阈值)。搜索出水流累积值大于该阈值的网格,它们就是位于河网上的网格。然后根据流向数据将这些网格串成单网格宽的线,从而生成河网。

3.计算集水面积

沿最陡坡度原则确定的水流路径可计算任一栅格单元的上坡集水面积,从而产生一个包含每一栅格单元上坡集水面积的新数阵。

4.流域分水岭识别

首先要给定流域出口断面的位置,即出口断面所在栅格单元的行列坐标。一旦出口断面位置确定,就可按前述确定的栅格流向搜索并勾划流域边界,最终获得一个定义流域内外的数阵。

具体步骤是:

1)先对整个区域进行初始化处理,即对洼地和平原区进行填平处理,求出流向数据栅格。

2)为所给的控制点编号。

3)对每个网格的水流根据流向进行跟踪,直到汇入控制点或到达河道终端。若它汇入控制点,则以该控制点的编号为它的编号,否则,赋值为0。这样便可得出每个控制点的控制区域栅格。

4)对每个网格及其相邻网格的编号进行浏览,若中心网格的上、下、左、右存在与它编号不同的网格,则定义它为相应编号的子流域分界线上的点,其编号不变;若没有,则寻找对角线网格看是否存在编号不同的网格,若有,仍定义它为分界线上一点;若无,则它非分界线上的点,令其编号为零。如此便可得出流域分界线栅格。

5.河网生成

首先要确定水道起始点位置,通常认为如果某处集水面积超过某一给定的阈值(该值称为水道给养面积阈值或临界集水面积),河流的起始点则出现在该处。根据流向连接大于给定阈值的栅格,则生成河网。

6.流域水系拓扑关系

一旦生成联结完好的河网,就可确定每一河段的Strahler级数,给定每一河段与河网节点的识别码,确定串联型河网的最优演算次序。据此还可确定每一河段的左右岸集水面积、水道上游末端节点及相应的子流域分水线,从而建立河网节点、河段和子流域的拓扑关系,包括河段坡度、高程值、上游集水面积与侧向集水面积及相互联结的拓扑信息。一方面,河网与子流域边界等空间信息是以栅格形式存储,这样易于用GIS软件作可视化显示;另一方面,河段或子流域的拓扑关系还以表格的形式存储,有利于数字水文模型的调用。

对于网格化的流域而言,规则化的DEM网格简化了每一网格内的地势情况,网格高程只表现了网格中心点或网格平均高程,并不能精确反映网格内的地势起伏、沟壑、凹陷等,尤其对于分辨率较低的DEM数据,这种误差更为显著。因此,由上述方法生成的河网会出现一系列与自然水系偏差颇大的情况,尤其是在平坦的平原地区,仅仅经过填平处理的河网与自然水系的偏差最为明显,其中最重要的就是主干河道位置偏离自然河道的位置过大的问题。主要原因是由DEM水平和垂向的分辨率、DEM生成过程的内插和输出结果的取整及高程数据误差造成的。为了解决生成河网与自然水系的偏差,河海大学在河网生成方法研究中,把DEM与电子地图中水系图层相结合,研制了主干河道数字化的河网生成方法,即通过数字化河流与DEM迭加处理,改变主干河道经过的格网内高程值,使河网生成在主干河道的约束条件下完成,使生成的河网更加合理和符合实际情况。

在分析数字高程模型(DEM)基础上,可以增强应用系统的可视化程度,如高程的三维立体显示、流向、坡度、网格上游集水面积、河流分级以及朝向等地形要素的显示等。

9.3.3　数字水系

1. 汤旺河流域(图 9-2、图 9-3)

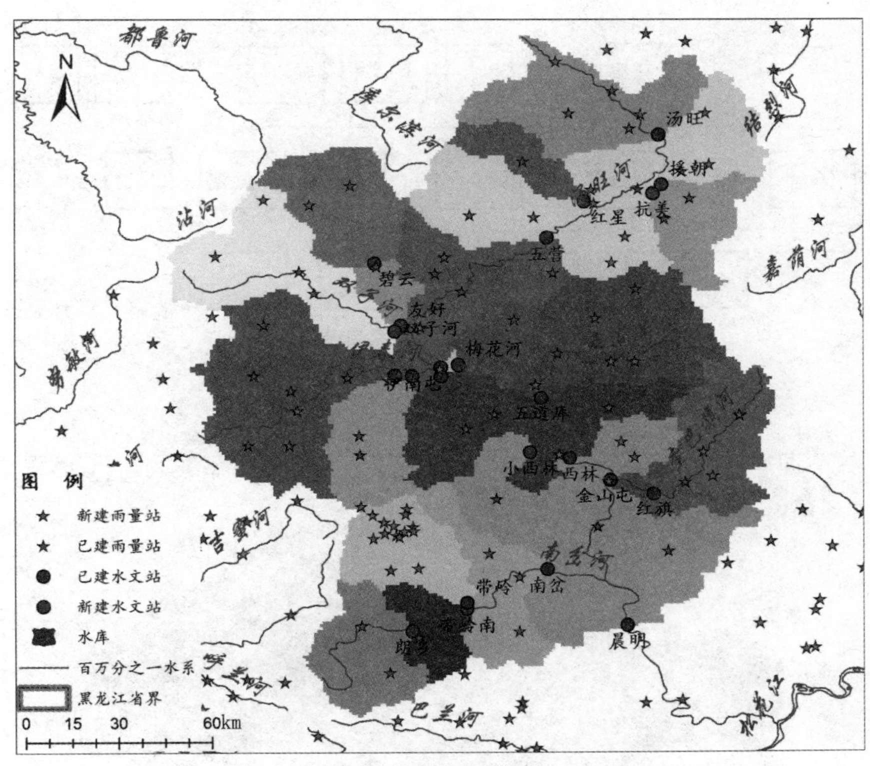

图 9-2　汤旺河流域图

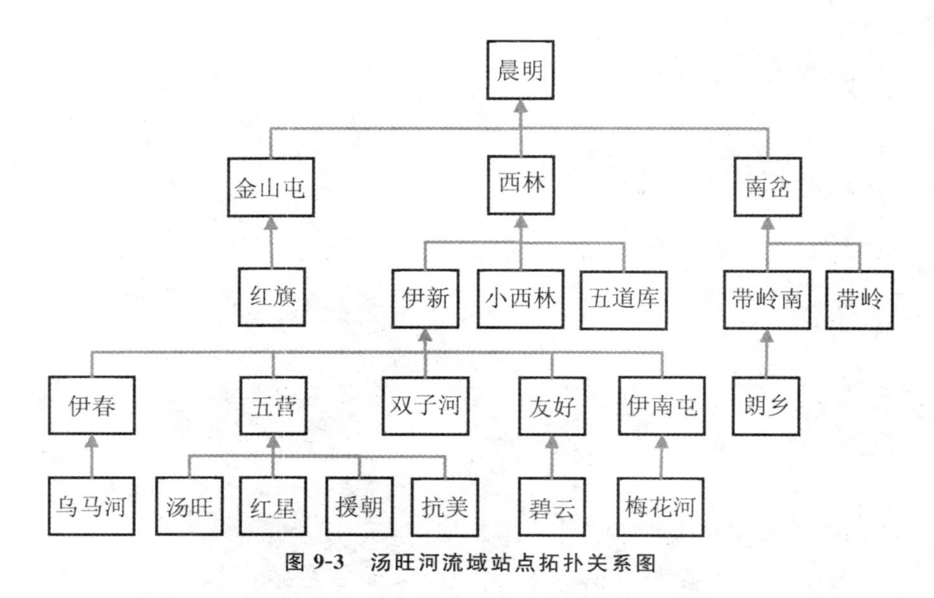

图 9-3　汤旺河流域站点拓扑关系图

2. 蚂蚁河流域(图 9-4、图 9-5)

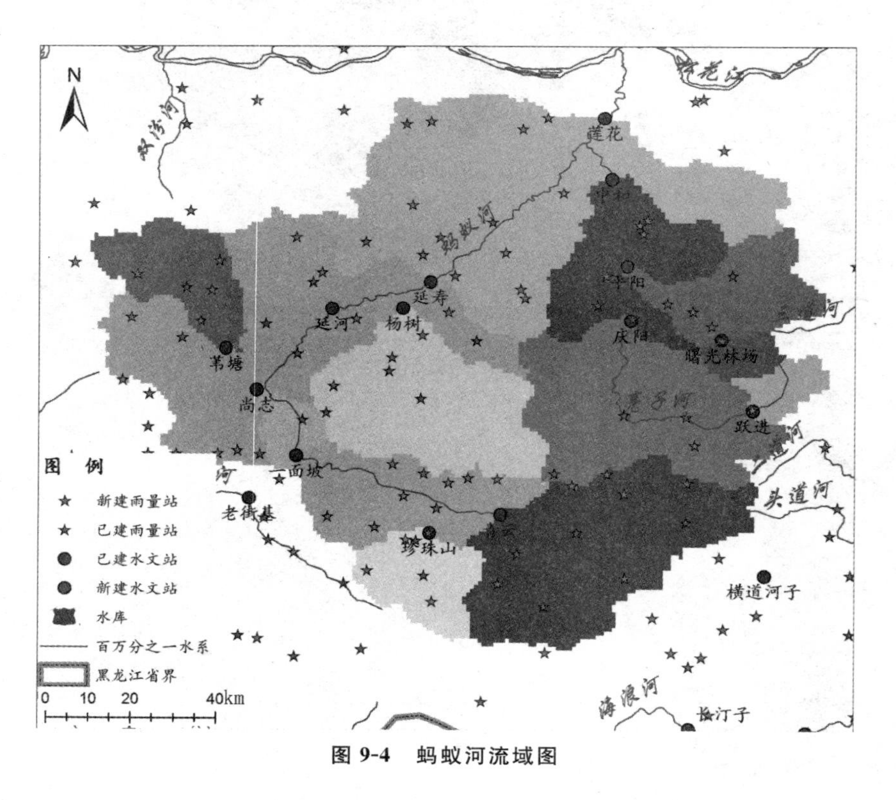

图 9-4　蚂蚁河流域图

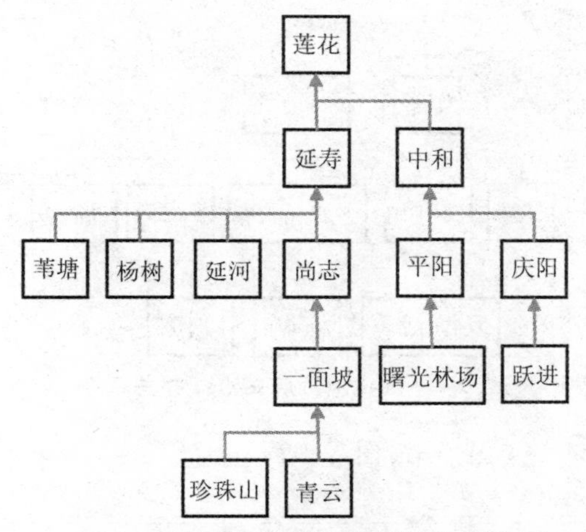

图 9-5　蚂蚁河流域站点拓扑关系图

3. 拉林河流域(图 9-6、图 9-7)

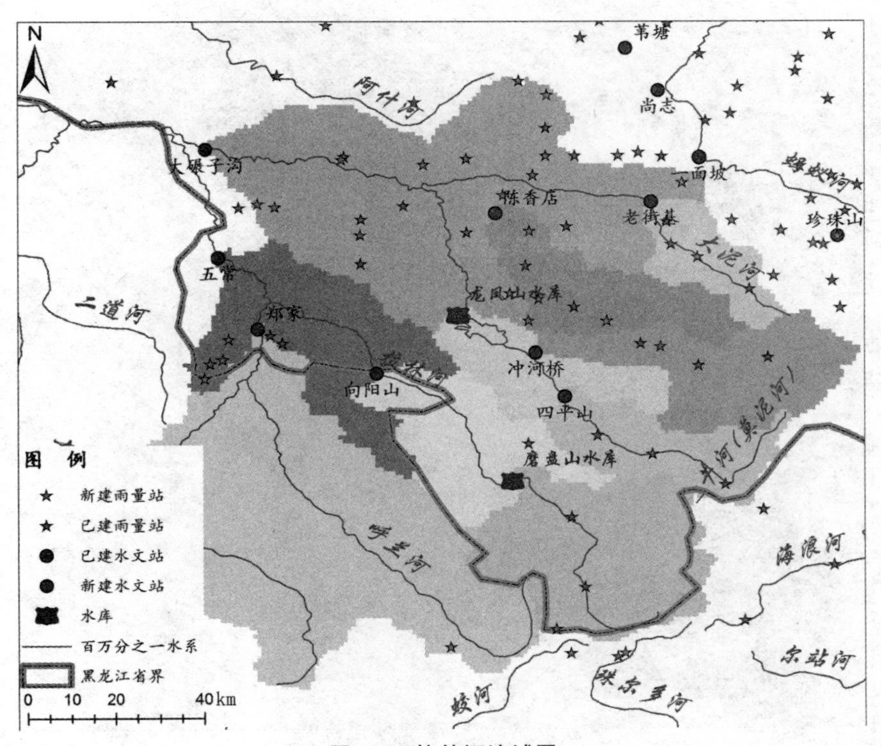

图 9-6　拉林河流域图

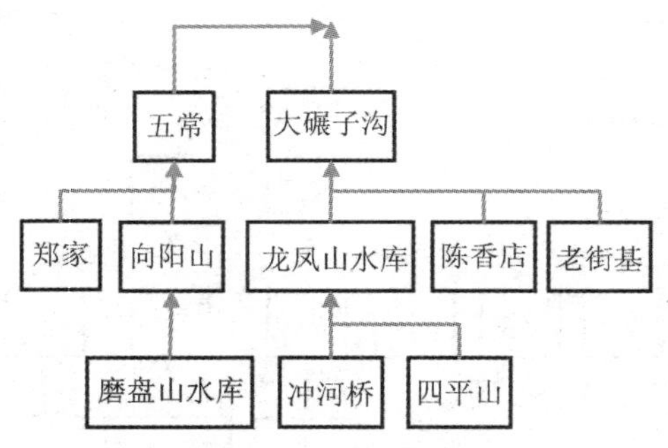

图 9-7　拉林河流域站点拓扑关系图

4. 牡丹江流域(图 9-8、图 9-9)

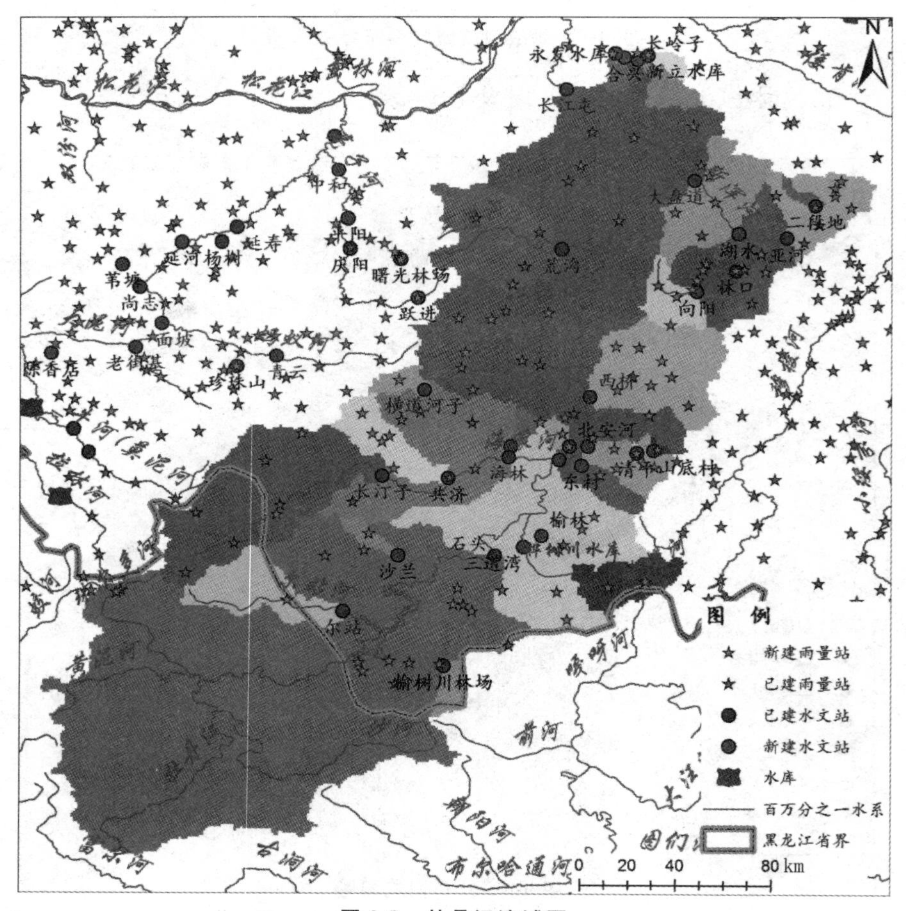

图 9-8　牡丹江流域图

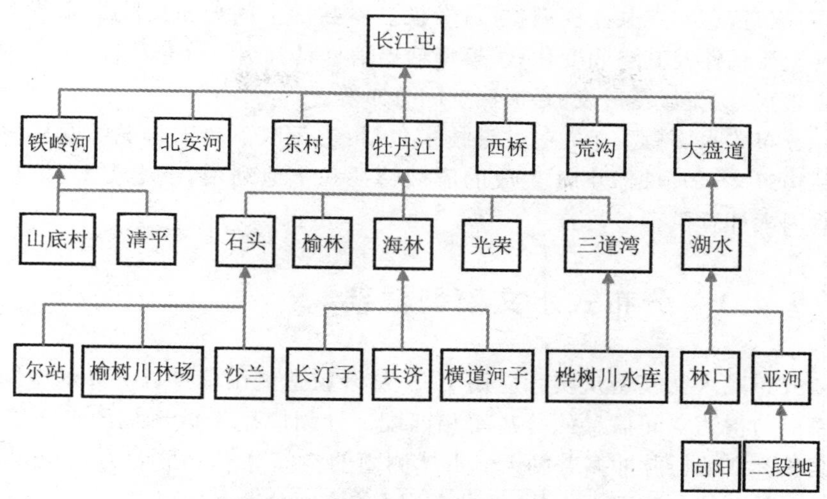

图 9-9　牡丹江流域站点拓扑关系图

9.4　分布式水文模型构建

分布式水文模型是系统的开发重点，其主要任务是在 DEM、土地利用、土壤类型、植被等空间数字化信息的基础上，率定分布式水文模型的参数，利用水文气象信息进行流域洪水预报。

分布式水文模型是基于数字流域构建而成的，许多流域要素（诸如集水面积、河长、坡度）皆由 DTM/DEM 自动生成；其次，分布式模型不仅能输出传统水文模型的结果，而且能够十分方便地给出水文要素和水文状态变量（如土壤干湿状况、实际蒸散发、径流深等）的空间分布场以及任一站点上游各支流的来水流量过程线；再者，分布式模型可以利用卫星云图、雷达测雨和地面雨量站测雨的多源数据，为遥感遥测技术所获取的雨量信息在水文模型中的应用提供了最佳平台和技术准备，雷达或卫星捕获的高分辨率实时雨量信息可以与数字水文模型进行最佳连结，提高模型预报的精度及预见期长度；另外，通过下垫面自然地理条件可以直接确定部分水文模型参数。

由以上功能可以得知分布式水文模型具有以下 4 个明显的特点：①基于 DEM 的分布式水文模型是运行在由许多栅格（正方形网格或经纬网格）单元组成的流域上；②分布式水文模型可以方便利用具有空间分布的信息，如利用雷达、卫星测雨信息进行洪水预报，利用流域地形、植被、土地利用等空间分布信息确定某些模型参数；③模型参数的空间分布反映了流域下垫面产汇流特性及其空间变化；④模型输出信息具有空间分布特性，如逐时段的土壤水分、流域蒸散发、径流深空间分布等。

分布式水文模型建立的关键技术包括：①反映下垫面状况的网格内模型结构定义；②根据DEM生成的流域特征和土地利用、土壤类型、植被等客观因素计算模型参数。

9.4.1 分布式水文模型框架

分布式水文模型从实际应用出发，结合雷达测雨信息，DEM的空间分辨率应与雷达空间信息的分辨率相匹配。计划应用于该系统的车载X波段全相参双偏振脉冲多普勒天气雷达测雨的空间分辨率最大为0.5km，测雨精度较高的分辨率为1km，因此DEM的空间分辨率应以1km为宜。

分布式水文模型就是构建在DEM基础上的一种水文模型，先由DEM建立数字高程流域水系模型，再与分布式产流模型和分布式汇流模型有机结合。分布式水文模型是依据地形数据寻求有物理基础的一种现代模拟技术，流域所有的下垫面特征(流域分水岭、子流域集水面积、水系、地形、植被、土壤等)都是栅格型数字式的点阵，模型的输入(降水、蒸散发能力等)也是以栅格为单元而组织的，流域产流单元、汇流路径、水系是根据地形由计算机自动生成。在这些栅格上根据各自的下垫面特性分别构建分布式产流模型(这些子单元上的特性、水文变量及参数均以数字矩阵形式记录)，再与基于数字河网模型的分布式汇流模型嵌套联结，最终获得流域出口断面的洪水过程以及流域上径流、蒸散发、土壤湿度的空间分布过程。数字水文模型(DHM)的结构如图9-10所示。

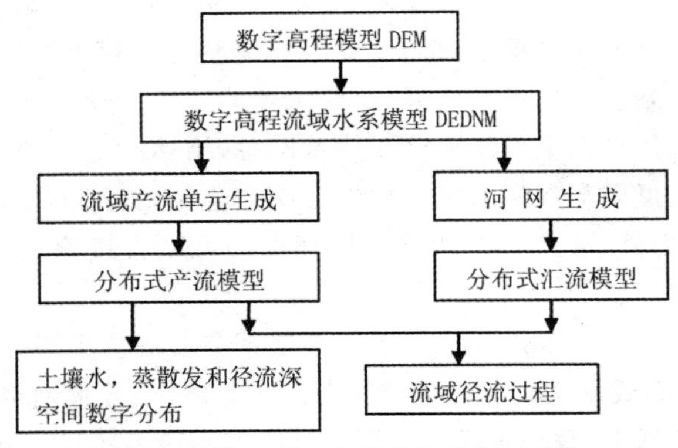

图9-10 分布式水文模型(DHM)的结构

9.4.2 网格单元的产流模型

1. 三水源新安江模型

1)模型原理。三水源新安江产流模型包括蒸散发计算、流量计算和分水源计算三部分。

流域蒸散发量采用三层蒸发模式计算,计算公式如下:

$$E_P = K \cdot E_0 \tag{9-1}$$

式中,E_p 为蒸散发能力;E_0 为实测蒸发量;K 为蒸发折算系数。

$$E=\begin{cases} E_P & \text{当 } P+W_U \geqslant E_P \\ (E_P+W_U-P)\dfrac{W_L}{W_{LM}} & \text{当 } P+W_U<E_P \text{ 且 } c<\dfrac{W_L}{W_{LM}} \\ c\cdot(E_P+W_U-P) & \text{当 } P+W_U<E_P \text{ 且 } \dfrac{W_L}{W_{LM}}\leqslant c \end{cases} \tag{9-2}$$

式中,c 为深层蒸发折算系数;W_U 和 W_L 分别为上、下层土壤含水量;W_{LM} 为下层张力水容量;P 为降水量;E 为计算蒸发量。

用流域蓄水容量曲线来考虑流域面上土壤缺水量与蓄水容量相等。设点蓄水容量为 W_m,其最大值为 W_{mm},又设流域蓄水容量曲线是一条 b 次抛物线,则该曲线可以用下式表示:

$$\frac{f}{F}=1-\left(1-\frac{W_m}{W_{mm}}\right) \tag{9-3}$$

据此可求得流域平均蓄水容量 W_m 为:

$$W_m=\frac{W_{mm}}{1+b} \tag{9-4}$$

与某个土壤含水量 W 相应的纵坐标值 a 为:

$$a=W_{mm}\left[1-\left(1-\frac{W}{W_m}\right)^{\frac{1}{1+b}}\right] \tag{9-5}$$

当扣去蒸发后的降雨 PE 小于0时,不产流,大于0时则产流。

产流又分局部产流和全流域产流两种情况:

当 $PE+a<W_{mm}$ 时,局部产流量为:

$$R=PE-W_m+W+W_m\left(1-\frac{PE+a}{W_{mm}}\right)^{1+b} \tag{9-6}$$

当 $PE+a\geqslant W_{mm}$ 时,全流域产流量为:

$$R=PE-(W_m-W) \tag{9-7}$$

如流域不透水面积比IMP不等于0时,只要将流域平均蓄水容量计算

公式改写成 $W_m=\dfrac{W_{mm}(1-IMP)}{1+b}$ 即可。这时各式也会有相应的变化。

对湿润地区以及半湿润地区汛期的流量过程线分析，径流成分一般包括地表、壤中和地下三种成分。由于各种成分径流的汇流速度有明显差别，因此水源划分是很重要的一环。在本模型中，水源划分是通过自由水蓄水库进行的。

由产流得到的产流量 R 进入自由水蓄水库，连同水库原有的尚未出流完的水，组成实时蓄水量 S。自由水蓄水库的底宽就是当时的产流面积比 F_R，它是时变的。K_I、K_G 分别为壤中流和地下水的出流系数。各种水源的径流量的计算公式如下：

当 $S+R\leqslant S_m$ 时

$$R_s=0$$
$$R_I=(S+R)\cdot K_I\cdot F_R$$
$$R_G=(S+R)\cdot K_G\cdot F_R$$

当 $S+R>S_m$ 时

$$R_s=(S+R-S_M)\cdot F_R$$
$$R_I=S_m\cdot K_I\cdot F_R$$
$$R_G=S_m\cdot K_G\cdot F_R$$

由于在产流面积 F_R 上的自由水的蓄水容量不是均匀分布的，将 S_m 取为常数是不合适的，也要用类似流域蓄水容量曲线的方式来考虑它的面积分布。为此也采用抛物线，并引入 EX 为其幂次，则有

$$\frac{f}{F}=1-\left(1-\frac{S_m}{S_{mm}}\right)^{EX} \tag{9-8}$$

$$S_{mm}=(1+EX)\cdot S_m \tag{9-9}$$

$$AU=S_m\left[1-\left(1-\frac{S}{S_{mm}}\right)\right]^{\frac{1}{1+EX}} \tag{9-10}$$

当 $PE+AU<S_{mm}$ 时

$$R_S=\left[PE-S_m+S+S_m\left(1-\frac{PE+AU}{S_{mm}}\right)\right]^{1+EX}\cdot F_R \tag{9-11}$$

当 $PE+AU\geqslant S_{mm}$ 时

$$R_S=(PE+S+S_m)\cdot F_R \tag{9-12}$$

2）模型参数及其调试。三水源新安江产流模型是一个概念性模型，其参数都具有明确的物理意义，原则上可以根据其物理意义来确定其数值。但由于量测上的困难，在实际工作中又难以做到，大多按规律与经验，或类似流域的参数值，确定一套模型参数的初始值，然后用模型模拟出产汇流过程，并与实际过程进行比较和分析，以与过程的误差最小为原则，用人工试

错和自动优选相结合方式率定参数。

2. SCS Curve Number(CN)模型

模型将降雨总量 P 概化为初始损失量 I_a（包括地面洼地蓄水、植物截留、蒸发、入渗等）和实际产流量（地表径流 Q 和地下径流 F），模型基本公式如下：

$$\frac{F}{S}=\frac{Q}{P-I_a} \qquad F=P-I_a-Q \tag{9-13}$$

式中，S 为集水区最大蓄水量，其他参数如前述。

引入经验公式 $I_a=0.2S$，分别得到地表径流和地下径流，公式如下：

$$Q=\frac{(P-0.2S)^2}{P+0.8S} \tag{9-14}$$

$$F=\frac{S(P-0.2S)}{P+0.8S} \tag{9-15}$$

通过径流曲线数 CN，建立 S 与土壤、流域覆盖条件的关系，S 与 CN 的转化如下：

$$S=\frac{1000}{CN}-10 \tag{9-16}$$

则根据各单元格的 CN 值，计算径流过程。其中地下径流按照前述新安江模型中退水曲线法计算实际出流过程。

CN 的估计是对各单元网格进行。CN 的主要影响因素有土壤结构、覆盖类型、处理方式、水文条件以及前期径流条件。利用遥感和土地利用图片，确定各单元网格的土地利用情况和土壤构成，根据 *SCS* 提供的径流曲线数表，查得对应的 CN 值。

也可以结合单元流域尺度的水文资料，通过参数率定的途径，对单元网格参数进行综合分析确定。

SCS 按照入渗率，将所有土壤分成 4 个水文土壤组（A、B、C 和 D 组）：A 组土壤入渗率大，产流能力低，主要包括深厚的排水良好的砂和砾石；B 组土壤具有中等入渗率，主要包括粉砂土和壤土；C 组土壤入渗率低，土壤质地主要为砂质黏壤土；D 组土壤具有高产流能力，主要由黏土组成。同时根据土地利用情况，分为城市区、农业耕作区、其他农业区和干旱半干旱牧区四个基本类型，其中将各基本类型细化成多种实际情况。将土壤类型、土地利用与实际水文条件相结合，*SCS* 提供了针对不同组合下的 CN 值，表 9-5 是干旱和半干旱牧区的 CN 参数分类。

表 9-5 SCS 径流曲线数(CN)

干旱半干旱牧区					
地面覆盖情况		水文土壤分组曲线数(CN)			
覆盖类型	水文条件	A	B	C	D
草本植物一草,杂草和矮灌木混合,灌木少量	差		80	87	93
	中等		71	81	89
	良好		62	74	85
橡树一杨木一橡树灌木,杨木,山区红木,苦灌木,枫树及其他灌木混合	差		66	74	79
	中等		48	57	63
	良好		30	41	48
矮松一杜松一矮松,杜松或两者;草,下层林木	差		75	85	89
	中等		58	73	80
	良好		41	61	71

9.4.3 流域汇流模型

目前,分布式水文模型数字流域离散常用的方法主要有两种:网格单元(Grid)和自然子流域(Subwatershed)。以下将分别详细介绍基于网格单元和基于自然子流域(单元流域)的汇流模型技术方案。

1. 单元内地表径流汇流

流域表面上每个网格单元大约都在同一几何平面上,可以将每个网格单元在时程和空间上分段,例如对于网格大小为 100m,计算时段长为 60s 的情况,可以分为 6s 演进 10m。利用圣维南方程的运动波近似法来模拟坡面水流运动,基本公式为:

连续方程:
$$\frac{\partial h}{\partial t}+\frac{\partial q}{\partial l}=r \tag{9-17}$$

曼宁公式:
$$v = S_f^{1/2}h^{2/3}/n \tag{9-18}$$

具体计算时,利用有限差分格式,如下:

$$h(l,t)=q\Delta t+h(l,t-1)-\alpha\beta\left[\frac{\Delta t}{\Delta l}\right]\left[\frac{h(l,t-1)+h(l-1,t-1)}{2}\right]^{m-1}\times[h(l,t-1)-h(l-1,t-1)] \tag{9-19}$$

$$S_f = S_0; h = aq^{\beta}; \alpha = \left[\frac{n}{\sqrt{s_0}}\right]^{3/5}; \beta = 3/5 \tag{9-20}$$

式中，h 为地面水平均深度，单位 m；q 为单宽流量，单位 m^2/s；r 为净入通量，单位 m/s；l 为当地地表坡长，单位 m；t 为时间，单位 s；S_f 为摩阻坡度；S_0 为地表坡度；v 为地表径流流速，单位 m/s；n 为地表曼宁糙率系数。其中，部分参数如 l、S_0 等可在生成数字流域的过程中直接得到。

基于单元网格的汇流演算是在数字流域特征的基础上完成的，包括流向、河网等数字图层的利用。

2. 单元内地下径流汇流

地下径流的演进一般可以采用运动波模型和地下水库模型，其中利用运动波模拟时，其计算公式如下：

$$q_S = K(\theta) \cdot h_S \cdot \sin\beta \tag{9-21}$$

$$\xi \frac{\partial h_S}{\partial t} = -K(\theta) \cdot \sin\beta \cdot \frac{\partial h_S}{\partial l_S} + r_S \tag{9-22}$$

$$\theta = \xi \cdot \frac{h_S}{D_S} = \xi \cdot \frac{h_S}{z - z_0} \tag{9-23}$$

式中，q_s 为基岩上地下径流单宽流量，单位 m^2/s；K 为水力传导率，单位 m/s；θ 为土壤含水率；β 为基岩坡度；h_s为土壤有效水深，单位 m；γ_S为蒸发和下渗损失量，单位 m/s；D_S为土壤深度，单位 m；z 为地表高程，单位 m；z_0 为基岩高程，单位 m；l_0 为当地基岩坡长。

3. 网格单元之间汇流

网格单元之间的汇集过程采用多流向方法计算。汇集时从较高单元到相邻较低单元的流量分配按下式计算：

$$f_{j\to i} = \frac{S_{j\to i}^p}{\sum S_{j\to i}^p} \tag{9-24}$$

$$S_{j\to i} = \frac{Z_j - Z_i}{\sqrt{(x_j - x_i)^2 + (y_j - y_i)^2}} \tag{9-25}$$

式中，$f_{j\to i}$为从 j 单元分给 i 单元的流量部分；p 为无量纲常数；$S_{j\to i}$为从 j 单元到 i 单元的方向坡度。x，y 为各单元的平面直角坐标。

将各单元网格由运动波演算的实际出流量，逐步计算到下一级单元格直至汇入河道。

9.4.4　河道汇流模型

河道汇流应用马斯京根分段连续演算模型。

马斯京根法于 20 世纪 30 年代在美国马斯京根河首先使用，是一个经验性的方法，后被证明与扩散波理论是完全一致的，其参数的物理意义与函数形式都很明确，广泛应用于河道汇流演算。马斯京根法的基本原理基于：

水量平衡方程 $$\frac{(I_1+I_2)}{2}\Delta t-\frac{(O_1+O_2)}{2}\Delta t=W_2-W_1 \tag{9-26}$$

和槽蓄方程 $$W=K[xI+(1-x)O]=KQ' \tag{9-27}$$

式中，

$$Q'=xI+(1-x)O \tag{9-28}$$

联解上式即得马斯京根汇流演算公式：

$$O_2=C_0I_2+C_1I_1+C_2O_1 \tag{9-29}$$

其中：

$$C_0=\frac{0.5\Delta t-Kx}{K-Kx+0.5\Delta t}$$

$$C_1=\frac{Kx+0.5\Delta t}{K-Kx+0.5\Delta t}$$

$$C_2=\frac{K-Kx-0.5\Delta t}{K-Kx+0.5\Delta t} \tag{9-30}$$

$$C_0+C_1+C_2=1 \tag{9-31}$$

式中，K 为蓄量常数，具有时间因次；x 为无因次的流量比重因子；Δt 为计算时间步长。

当 $\Delta t<2Kx$ 时，$C_0<0$，I_2 对 O_2 是负效应，容易在出流过程线的起涨段出现负流量；当 $\Delta t>2K-2Kx$ 时，$C_2<0$，O_1 对 O_2 是负效应，易在出流过程线的退水段出现负流量。

随着理论发展和实践经验的积累，为了解决实际工作中常会遇到的问题，避免出现负流量等不合理现象，保证上下断面的流量在计算时段内呈线性变化和在任何时刻流量在河段内沿程呈线性变化，一般要求 $\Delta t\approx K$。1962 年赵人俊提出了马斯京根河道分段连续流量演算法。将演算河段分成 N 个子河段，每个子河段参数 K_L、x_L 与未分河段时参数的关系为：

$$K_L=\frac{K}{N} \tag{9-32}$$

$$x_L=\frac{1}{2}-\frac{N}{2}(1-2x) \tag{9-33}$$

分段连续演算的每段推流公式仍用上式表示，但式中的 K、x 必须由分段后的 K_L 和 x_L 代替。

9.4.5 参数说明

三水源径流系数法的实验模型参数见表 9-6。

表 9-6　三水源径流系数法的实验模型参数一览表

标识	最小值	最大值	名称
pKe	0.1	2	蒸发折算系数，无单位
pm	0	0.5	初损比率，无单位
pCN	0	100	CN 值，无单位
tKfast	0.1	1	快速径流出流系数，无单位
tKmid	0	1	中速/快速出流比，无单位
tKslow	0	1	慢速/中速出流比，无单位
tKsub	0.1	1	支流流出流系数，无单位
tDfast	0	10	快速径流滞时，无单位
tDmid	1	3	中速/快速滞时比，无单位
tDslow	1	3	慢速/中速滞时比，无单位
tDsub	0	10	支流滞时，无单位
tBase	0	9999	基流量，单位 s/m^3
tArea	0.5	1.5	面积校正，无单位
sWarm	0	29	预热期，单位、时段
sPeak			峰值权重，无单位
aBase			基础扫描数量
aNtop			最优结果数量
aNmax			最大无效重复次数
aNSCE			终止误差限
aBias			最大总量误差限

9.5　应用示例

现以拉林河流域的五常站为例（表 9-7），展现上述分布式洪水预报系统的应用情况（表 9-8、图 9-11～图 9-17）。

拉林河雨量站选用：经雨量资料分析，本次选用有资料且系列较长的 4 个水文站，即冲河桥、五常、大碾子沟、老街基。

蒸散发：由于次洪时间较短，蒸散发对预报方案精度影响不大，所以本次方案不考虑蒸散发。

表 9-7 五常站次洪选择资料审查表

序号	峰现时间	洪峰流量
1	2008/7/11 8:00:00	207
2	2009/7/23 6:00:00	236
3	2010/7/28 8:00:00	192
4	2010/8/7 8:00:00	215
5	2011/6/10 8:00:00	299
6	2014/5/17 8:00:00	520

表 9-8 参数率定和验证结果

参数	率定						校验
	次洪一	次洪二	次洪三	次洪四	次洪五	次洪六	次洪七
pKe	1.359	1.582	0.58	1.727	0.287	1.179	0.541
pm	0.2	0.2	0.2	0.2	0.3	0.3	0.3
pCN	84.176	85.907	90.307	92.215	94.7	96.292	92.44
tKfast	0.273	0.224	0.053	0.054	0.045	0.083	0.079
tKmid	0.169	0.142	0.343	0.457	0.423	0.387	0.06
tKslow	0.261	0.52	0.657	0.404	0.439	0.198	0.155
tKsub	0.8	0.8	0.8	0.8	0.8	0.8	0.8
tDfast	4.929	8.668	8.023	15.507	10.002	11.862	9.851
tDmid	2.286	2.282	2.326	1.963	2.651	2.718	2.403
tDslow	1.682	2.068	2.274	2.127	2.249	1.479	2.036
tDsub	1	1	1	1	1	1	1
tBase	0	80	70	70	70	25	25
纳什系数	0.905	0.951	0.961	0.950	0.968	0.941	0.938

纳什系数＝0.905；总量误差=0.0%；峰量误差=-4.2%

2008/7/9
2008/7/10
2008/7/11
2008/7/12
2008/7/13
2008/7/14
2008/7/15
2008/7/16
流量(m³/s)
降水量(mm)
降水
快速径流
中速径流
慢速径流
支流汇流
实测径流
计算径流

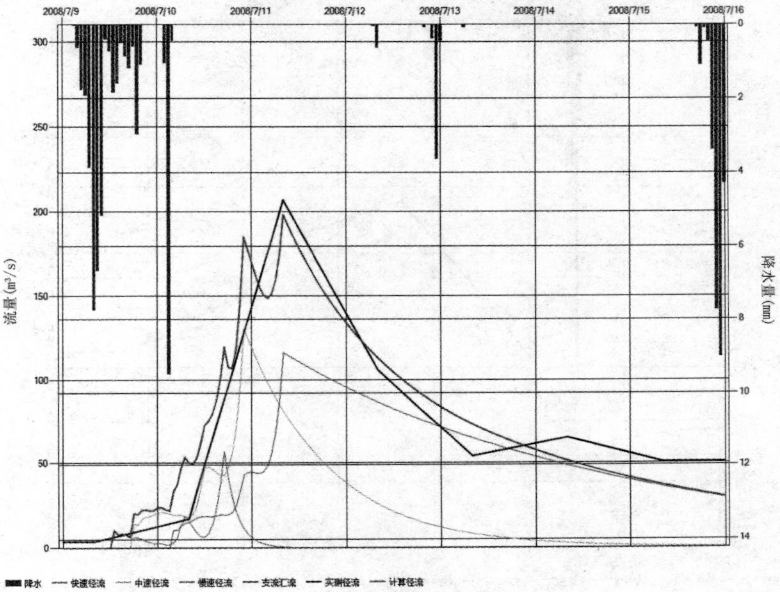

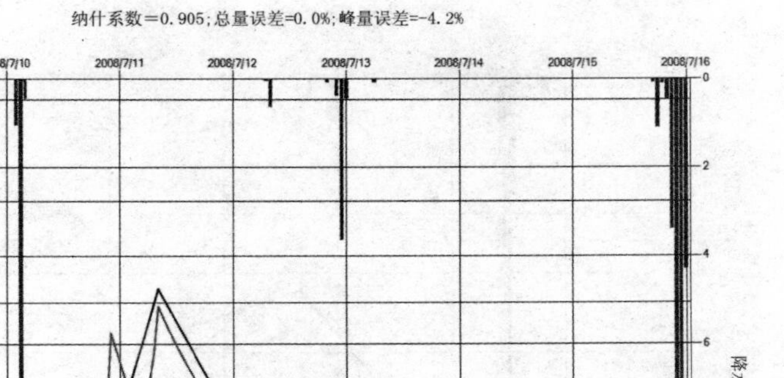

图 9-11　预报方案率定结果图(1)

纳什系统=0.951；总量误差=0.1%；峰量误差=14.2%

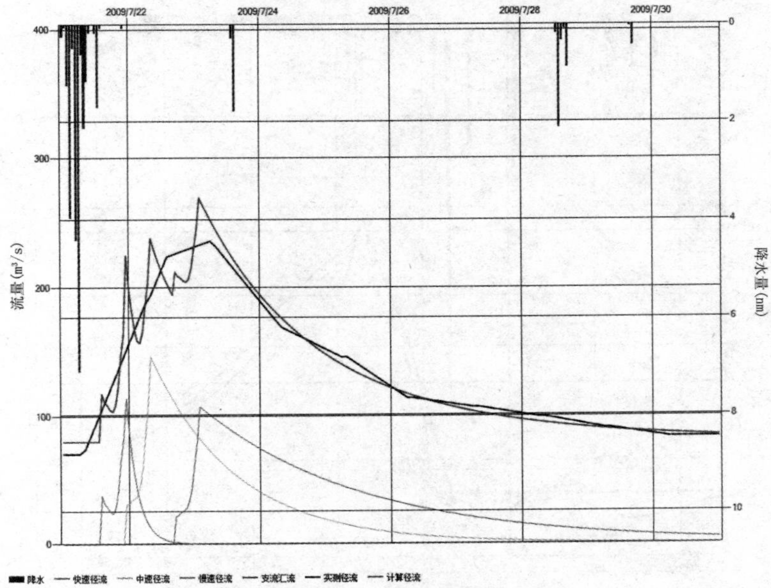

2009/7/22
2009/7/24
2009/7/26
2009/7/28
2009/7/30
流量(m³/s)
降水量(mm)
降水
快速径流
中速径流
慢速径流
支流汇流
实测径流
计算径流

图 9-12　预报方案率定结果图(2)

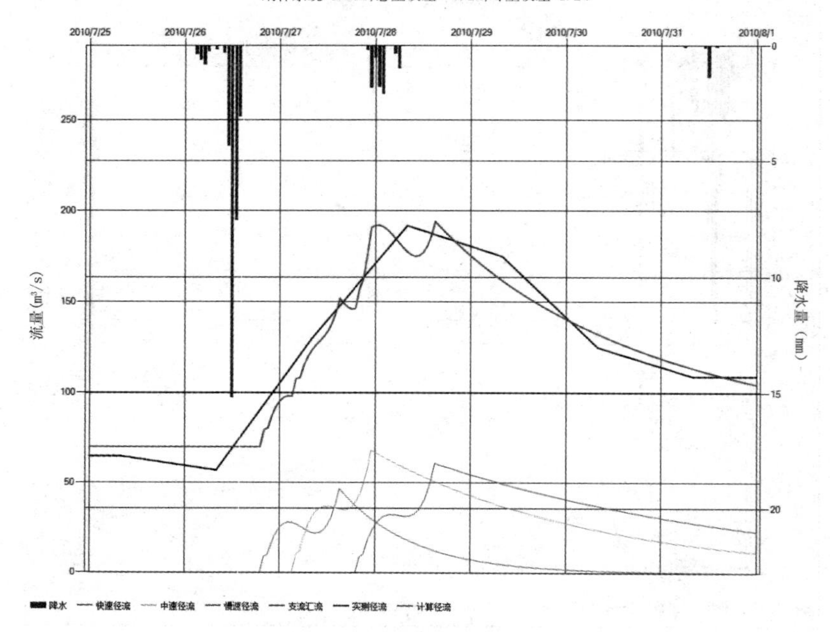

图 9-13　预报方案率定结果图(3)

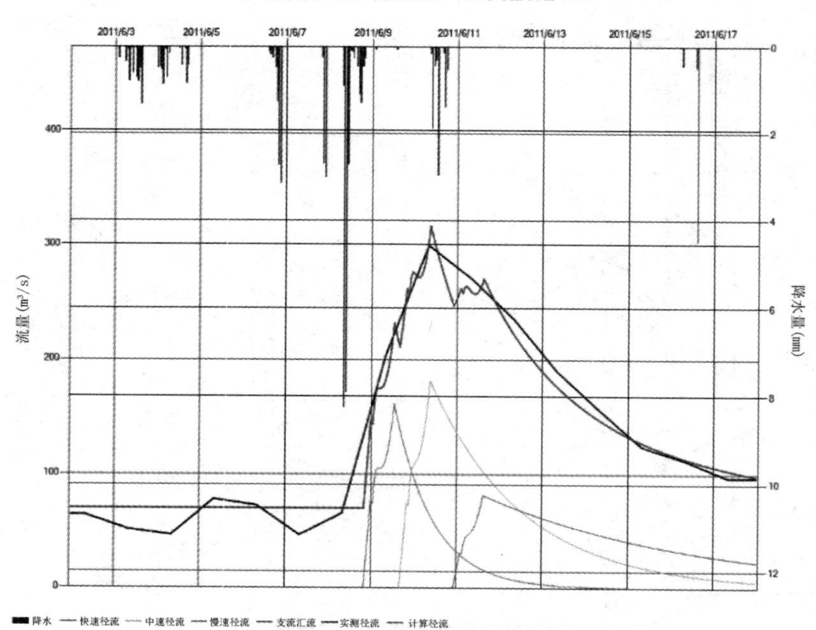

图 9-14　预报方案率定结果图(4)

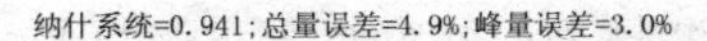

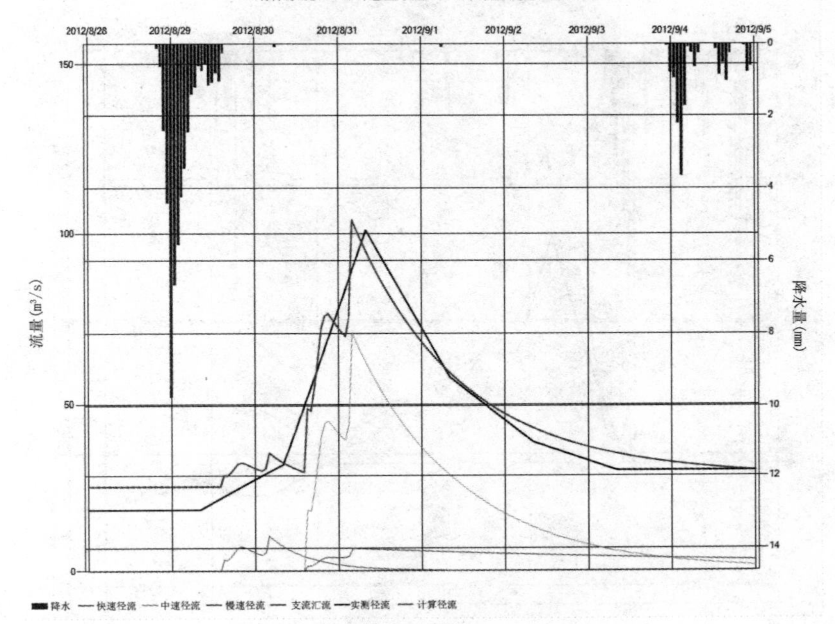

图 9-15　预报方案率定结果图(5)

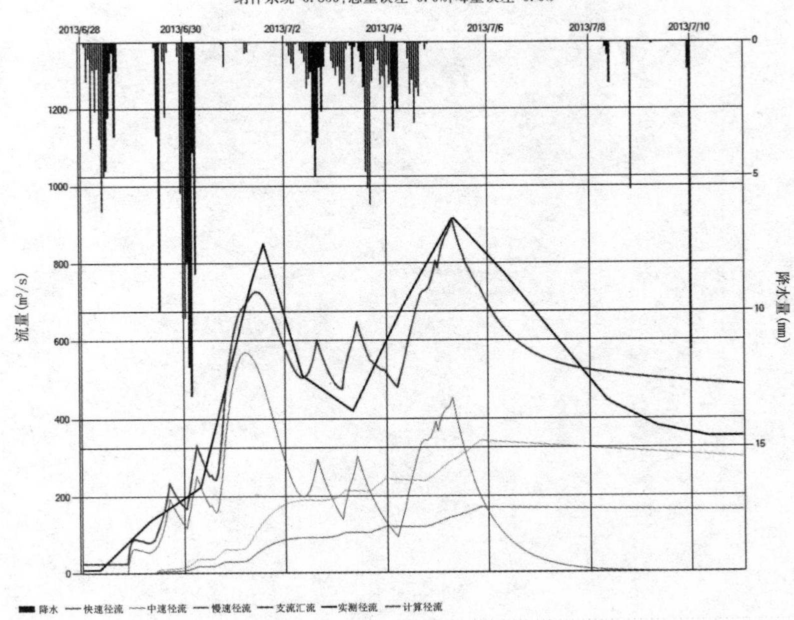

图 9-16　预报方案校验结果图(1)

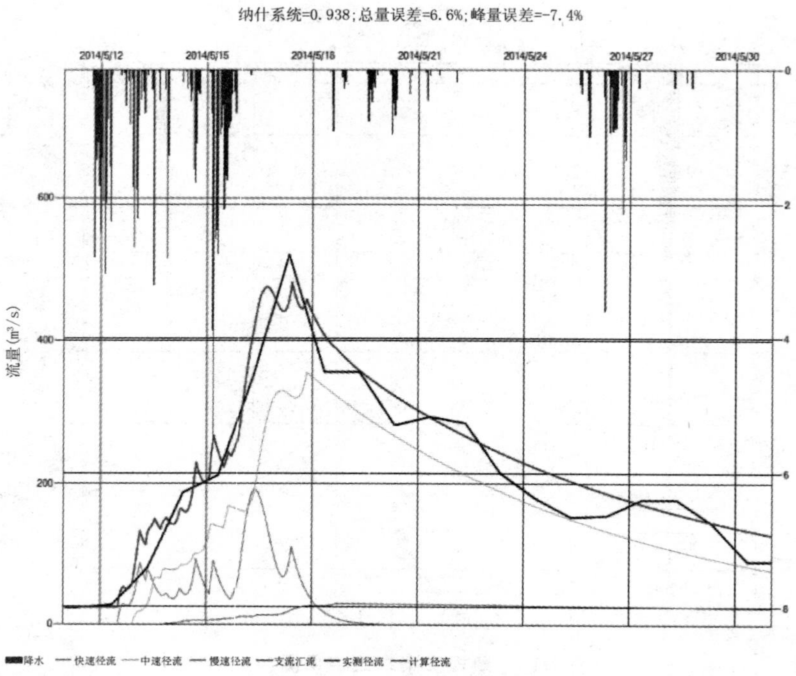

纳什系统=0.938;总量误差=6.6%;峰量误差=-7.4%

2014/5/12 2014/5/15 2014/5/18 2014/5/21 2014/5/24 2014/5/27 2014/5/30

流量(m^3/s)

0 200 400 600

降水量(mm)

0 2 4 6 8

降水 快速径流 中速径流 慢速径流 支流汇流 实测径流 计算径流

图 9-17 预报方案校验结果图(2)

第10章 分布式产输沙模型

10.1 背景

土壤侵蚀过程及其机理的研究是进行侵蚀模拟的基础，在对侵蚀机理有一定掌握的前提下，对土壤侵蚀过程进行合理的模拟才会成为可能。

10.1.1 土壤侵蚀分类

土壤侵蚀是指土壤或其他地面组成物质在外营力作用下，被剥蚀、破坏、分散、分离和搬运的过程。按侵蚀营力的不同可划分为水力侵蚀、风力侵蚀、重力侵蚀、冻融侵蚀及复合侵蚀5个类型。其中水力侵蚀是指地表土壤或地面组成物质在降水、径流作用下被剥蚀、冲蚀、剥离搬运和沉积的过程。复合侵蚀是指两种或两种以上侵蚀营力共同作用下形成的侵蚀类型，如水力作用下发生的泥石流常伴随滑坡侵蚀；土体的崩落与沟谷水力侵蚀伴随发生的崩岗等。水力侵蚀是土壤侵蚀的重要方式，在全球侵蚀区域中，水力侵蚀约占50%，是引起水土流失并造成河流湖库泥沙危害的主要因素。中国的水力侵蚀主要分布在N20°～N50°的范围，尤以年降水量为400～600mm的森林草原和灌丛草原地区的水力侵蚀比较严重，其中以黄土高原为代表[147]。

根据水利部1990年遥感普查结果[148]，全国水土流失面积367万平方千米，占国土面积的38.2%，其中水蚀面积179万平方千米。黄河流域水力侵蚀面积为34.7km^2，占整个流域的43.9%。根据黄河水利委员会的调查[149]，黄河流域多沙粗沙（粒径0.05mm，且产沙模数大于2500t/km^2）区主要分布于中游的皇甫川、窟野河、无定河、延河等支流。

由水力引起的土壤侵蚀是伴随降雨、产流、汇流发生和发展的过程。水力侵蚀的分类主要根据水力侵蚀的形态及发生的位置进行划分，一般分为坡面侵蚀和沟道侵蚀两大类。对于小流域或坡面的研究，有时又分为面蚀、沟蚀及潜蚀三类。潜蚀,也称为洞穴侵蚀,是水蚀的一种特殊类型,是地面径流沿与土体垂直的裂隙、根孔、动物洞穴下渗时,发生水力潜蚀、冲刷、淘蚀等作用而形成的洞穴过程。洞穴侵蚀经发展演化,最终会发展成为较大的沟道侵蚀。而对于大中流域来说,由于无法获得流域内较为微观的地表信息,一般将侵蚀分为坡面和沟道两大类。其中坡面侵蚀又分为降雨溅蚀、片蚀和细沟侵蚀,沟道侵蚀又可分为浅沟、切沟、冲沟和坳沟(干沟)侵蚀。对于细沟侵蚀的归属,到底应归于面蚀还是沟蚀,在过去的研究中曾有过不同的划分,但在目前的研究中基本都趋向将细沟侵蚀归为面蚀。此外,在黄土地区,由于沟壑密布,使得重力侵蚀与水力侵蚀紧密相伴发生。在以往对于黄土地区的水力侵蚀模拟研究中,大部分未考虑重力侵蚀的模拟,造成了水力侵蚀模拟预测的结果不能令人满意。因此,对于黄土地区的土壤侵蚀的模拟应从坡面侵蚀、沟道侵蚀和重力侵蚀三部分着手进行研究。

10.1.2 土壤侵蚀影响因子定量分析

土壤侵蚀是在自然和人类的双重影响下发生和发展的,对土壤侵蚀影响因子进行研究在土壤侵蚀模拟中具有重要意义。开展土壤侵蚀各影响因子与土壤侵蚀的关系研究,是进行坡面侵蚀定量研究以及流域侵蚀与产沙模拟研究的基础。国内外学者在这方面做了大量的研究,在众多影响土壤侵蚀的因子中,以对降雨、土壤、地貌形态、植被及耕作方法[150]等与土壤侵蚀关系的研究最为普遍。

1. 降雨侵蚀力

降雨是导致土壤流失的动力因素,降雨侵蚀力反映由降雨引起土壤侵蚀的潜在能力,是 USLE 模型中的首要基础因子,准确评估计算降雨侵蚀力是定量模拟土壤流失的重要环节。降雨侵蚀力与降雨量、降雨历时、降雨强度和降雨动能有关,反映了降雨特性对土壤侵蚀的影响。国外开展对降雨侵蚀力(R)的研究较早。Wischmeier 等[55]发现,降雨的总动能与其最大30min 雨强的乘积和土壤流失量的关系最为密切,并建立了年均降雨侵蚀力因子的经验公式:

$$R = \sum_{i=1}^{12} 1.735 \times 10^{[1.51g(p_i^2/p-0.8188)]} \tag{10-1}$$

式中,P 为年降雨量,单位 mm;P_i 为各月平均降雨量,单位 mm。

Renard 等[57]认为,降雨侵蚀力是能够引起侵蚀的降水总量和最大雨强持续时间这两个特征的体现,一次降雨的总动能与其最大 30min 雨强的乘积可表示这次降雨的侵蚀力 R_i，将其累加，即可得到预测期内的降雨侵蚀力因子 R 值。一次降雨计算公式为：

$$R_i = \sum[(2.29 + 1.151 \lg x_i)/D_i)] I_{30} \tag{10-2}$$

式中，i 为降雨过程中的时间历时，单位 h；x_i 为降雨强度，单位 mm/h ；D_i 为历时 i 时的降雨量，单位 mm ；I_{30} 为某次降雨中强度最大的 30min 的降雨强度，单位 mm/h。

Arnoldus[151]用下式计算降雨侵蚀力：

$$R = 0.264F^{1.50}; F = \sum p_i^2/P(i = 1,2,\cdots,12) \tag{10-3}$$

式中，R 为年降雨侵蚀力；p_i 为多年平均月雨量；P 为多年平均年雨量；F 为修正的 Fournier 指数[152]，用以反映年雨量在各月分配状况对年降雨侵蚀力的影响。

Mikhailova[153]在计算年降雨侵蚀力时，除采用平均年降雨量外，增加了海拔高度，公式为：

$$R=699.3+7.0001P-2.7190E \tag{10-4}$$

式中，R 为年降雨侵蚀力；P 为年雨量；E 是海拔高度。

我国也开展了大量关于降雨侵蚀力因子 R 的研究，其中，估算年 R 值多采用年雨量因子和月雨量因子两种方法[154]。黄炎和[155]应用于福建省安溪地区的公式为：

$$R = \sum 0.0199P_i^{1.5682} \quad (i=1,2,\cdots,12) \tag{10-5}$$

式中，R 为年降雨侵蚀力；P_i 为各月大于 20mm 的降雨量。

吴素业[156]应用于安徽大别山地区的公式为：

$$R = \sum 0.0125P_i^{1.6295} \quad (i = 1,2,\cdots,12) \tag{10-6}$$

式中，R 为年降雨侵蚀力；P_i 为月降雨量，单位 mm。

王万忠等[157]研究认为，最大 30min 雨强可以作为我国降雨侵蚀力计算的最佳参数，并建立了次降雨侵蚀力、年降雨侵蚀力的简易计算方法：

次降雨侵蚀力：$R=1.70(DI_{30}/100)-0.136 \quad (I<10mm/h)$　(10-7)

年降雨侵蚀力：$R=1.67(P_{10}I_{60}/100)^{0.950}$ 或 $R=0.207(PI_{60}/100)^{1.201}$

(10-8)

式中，D 为次降雨量；P_{10} 为降雨大于 10mm 的降雨总量；P 为年降雨量；I_{30} 为 30min 最大降雨强度；I_{60} 为年最大 60min 降雨量。

2. 土壤可蚀性

土壤可蚀性是指土壤是否易受侵蚀动力破坏的性能，也就是土壤对侵蚀介质剥蚀和搬运的敏感性，是控制土壤承受降雨和径流分离及输移等过程的综合效应。土壤侵蚀应力是土壤流失过程的外部因素，而土壤本身的性质才是内在因素。因此，研究土壤可蚀性成为认识土壤侵蚀机制的一个重要环节。由于土壤可蚀性并不是一个简单的物理或化学的可直接测定的指标，而是一个综合性因子，只能在一定的控制条件下通过实际测定土壤流失量或土壤的某些性质作为土壤可蚀性指标。Olson 和 Wischmeier[158] 于 1963 年就提出了具有实用价值的土壤可蚀性评价指标，即标准小区上单位降雨侵蚀力所引起的土壤流失量。这一指标具有明确的物理意义和方便的测定方法，在后来的土壤侵蚀预报研究中得到了广泛应用。

在标准小区上测定时，其大小可用下式计算：

$$K = \left(\sum_{i}^{n} Ai\right) / \left[\sum_{i}^{n} (EI_{30})i\right] \tag{10-9}$$

式中，K 为土壤可蚀性；A 为降雨引起的土壤流失量；E 为降雨动能值；I_{30} 为最大 30min 雨强；i 为降雨次数。

Wischmeier 和 Mannering[159] 用人工降雨法测定了 55 种土壤的土壤可蚀性指数，选定 13 个土壤特性指标与土壤可蚀性进行回归分析，得出了下式(诺漠方程)：

$$K=[2.1\times10^{-4}M^{1.14}(12-M_0)+3.25(S-2)+2.5(P-3)]/100 \tag{10-10}$$

式中，K 为土壤可蚀性；M 为粉砂与极细砂的百分含量之和与土壤除去黏粒后的百分含量之积；M_0 为土壤有机质含量；S 为结构系数；P 为渗透性等级。该方程尤其适用于温带中质地土壤。

对于热带火山灰式土壤的土壤可蚀性，Swaify 等[160] 建立了回归方程：

$$K=-0.03970+0.00311x_1+0.00043x_2+0.00185x_3+0.00285x_4-0.00823x_5 \tag{10-11}$$

式中，x_1 为大于 0.250mm 的非稳定性团聚体的比例；x_2 为修订的粉粒(0.002～0.1mm)含量与修订的砂粒(0.1～2mm)含量之积；x_3 为基础饱和度；x_4 为原土中粉粒的含量；x_5 为修订的砂粒含量。

对含有晶架结构的黏土矿物土壤，Young 等[161] 用下列公式计算：

$$K=-0.204+0.385x_6-0.013x_7+0.247x_8-0.005x_9 \tag{10-12}$$

或

$$K=0.004+0.00023x_{10}-0.108x_{11} \tag{10-13}$$

式中，x_6 为团粒系数；x_7 为土壤中蒙脱石的含量；x_8 为深 50～125mm 土层的平均容重；x_9 为土壤分散率；x_{10} 为修订粉粒(0.002～0.1mm)含量与修订砂粒(0.1～2mm)含量之积；x_{11} 是土壤中可提取的氧化物的百分比。

我国土壤可蚀性研究虽然起步较晚，但还是做了许多工作。1983 年史德明[162] 用土壤团聚体为指标和用小型抗冲仪分别测定了红壤的抗蚀性和抗冲性，结果表明耐蚀耐冲性以变质岩发育的红壤为最高，花岗岩发育的红壤最低。1994 年王佑民等[163]测定了 5 个省的 255 个土样，认为土壤腐殖质含量、水稳定性团粒含量和黏粒含量是反映黄土高原土壤抗蚀性的最佳指标。1997 年史学正等[164]在自然降雨条件下用全裸地小区田间实测了我国亚热带七种有代表性的不同类型土壤的可蚀性 K 值，结果表明这七种不同类型土壤间的 K 值差别很大，其中紫色土和红砂岩发育的耕种普通红壤的 K 值最大，分别达到 0.440 和 0.438，最小的是第四纪红色黏土发育的红色土，其值只有 0.104，还不到紫色土 K 值的 1/4。陈振金等[165]将 *USLE* 的土壤可侵蚀因子 K 值计算式修改为：

$$K=10^{-3}\times(164.8-2.31x_1+0.38x_2+2.26x_3+1.31x_4-14.6x_5) \tag{10-14}$$

式中，K 为土壤可侵蚀性因子；x_1、x_2、x_3、x_4 分别为土壤 3～1mm、0.25～0.05mm、0.05～0.01mm、0.01～0.005mm 的各级土粒的含量；x_5 为土壤有机质含量。

由于我国水土保持基础研究薄弱，国内定量估算的 K 值往往难以进行比较，其原因有二：一是没有建立统一的可蚀性指标；二是对土壤可蚀性的认识不一[109]。为此，刘宝元等[166]在系统查阅和分析 60 多年来已有研究成果的基础上，根据我国具体情况，提出了我国土壤可蚀性指标的定义和测定方法，即在 15°坡度、20m 坡长、清耕休闲地上，单位降雨侵蚀力所引起的土壤流失量。这一标准的确定对规范土壤可蚀性实验研究，对促进我国土壤侵蚀预报模型的建立有重要意义。

3. 地貌形态

地貌影响土壤侵蚀的主要因素为坡度、坡长及沟壑密度等。Moore 等[167]建立的计算 USEL 模型中坡度坡长 LS 因子的方程式应用得较为广泛：

$$LS=(A/22/13)^m\times(\sin\beta/0.0896)^n \tag{10-15}$$

式中，A 为坡面面积；β 为坡度；m、n 为常数，分别取值 0.4～0.6 和 1.2～1.3。

Ouyang 等[168]通过对比研究认为，USLE 模型运行结果对坡长不如对坡度敏感，坡长的误差在 10%左右对结果没有重要影响。坡度是坡面土壤侵蚀中影响最大的因素，而坡长是通过对坡面径流的影响进而影响侵蚀。

Renner[169]在研究土壤侵蚀时，将坡度以 5°为分级单位，统计侵蚀面积与坡度的关系，发现侵蚀面积占总侵蚀面积的百分数随坡度的增大而快速增加，25°～55°变化不大，大于 55°时侵蚀面积随坡度的增大而减小，到达

86°以后水蚀面积基本变为零。Zingg[52]通过实验建立了土壤侵蚀量与坡度之间的经验关系，证明在坡度较小时，坡度每增加1倍，土壤侵蚀量将增加2.61～2.80倍。Horton[170]从理论上研究了坡度在土壤侵蚀中的作用，得出临界坡度为57°。此外，Meilton[171]、Ruxton[172]、Carson[173]等也都进行了此方面的研究。

我国学者的研究也证明了临界坡度的存在。郭继志认为坡度达35°时，水力侵蚀减弱；陈永宗等根据绥德、离石两地径流小区资料得出，当坡度达到25°或28°以后，其侵蚀量反而减少，并认为这是坡地上水力面侵蚀强度的上限临界坡度；蔡强国分析指出，当$I_{30} \leqslant 7\text{mm/h}$时，侵蚀量随坡度增大而减少；有学者研究认为，当坡度小于临界坡度时，坡度与土壤侵蚀是增函数关系，坡度大于临界坡度时是减函数关系。

坡长决定坡面水流能量的沿程变化，是影响坡面径流与水流侵蚀产沙过程的因素之一。而对于坡长对侵蚀的影响，却有着不同的看法[104]。部分学者认为，坡面长度增加，水体中的含沙量会增加，水流能量消耗于搬运泥沙，导致水流侵蚀力减弱。而另一些人认为，从上坡到下坡水深逐渐增加，水流侵蚀力也会增加[174]。Wischmeier等[175]的研究表明，坡度较小时侵蚀与坡长的关系不明显，当坡度较大时，侵蚀与坡长成正比。Smith等[176]认为，坡度较小时，坡长与侵蚀量的幂指数较小，坡度较大时则幂指数较高。另外有研究[177,178]表明，由于随坡度的增加，径流量增加，侵蚀产沙量也增加，随之水流含沙量增加，水体搬运泥沙所消耗的能量加大，两者相互消长，使得从上坡到下坡侵蚀没有太大差异。

我国一些学者就坡长与侵蚀的关系也进行过研究。原黄河工程局[179]根据径流小区资料分析，认为坡长与侵蚀有的成正比，有的成反比，很大程度上决定于降雨特性。罗来兴[180]根据在黄土高原雨后细沟调查资料认为，沿坡长的侵蚀特点是强弱交替变化。蔡强国等[104]的研究认为侵蚀量沿坡长先是增加，超过一定坡长后逐渐减少。

4. 植被覆盖及土地利用

植被是防止水土流失的积极因素[181,182]，植被覆盖层减小了雨滴对地面的打击，并由于增加地面糙率而减小了流速，水流的作用力被分散在覆盖物之间，地表的覆盖因素完全承受了原来作用于地表土粒上的力，并且植被覆盖物腐烂后可以增加土壤中有机质的含量，进一步改善了土壤的理化性质[183,184]。

国内外学者对植被与土壤的关系进行过不少探讨，普遍认为，无论植被类型如何，或者降雨条件及其他下垫面条件如何，当植被覆盖度大于70%

时，地表的侵蚀量都是极其微弱的，侵蚀量还不足裸地的1%[185,186]。当植被覆盖度小于10%时，它的减蚀作用基本没有。植被覆盖度在10%～70%时，植被与侵蚀的关系比较复杂，植被覆盖度的递增率与土壤侵蚀量的递减率不是同一个数量级。据黄土高原皇甫川流域的观测，只有地面植被覆盖度达到30%时才具有明显的减蚀作用；在植被覆盖度小于30%时，植被的减蚀作用迅速减少；植被覆盖度在15%时，减蚀作用不显著，而在30%～60%时，侵蚀模数变化很小。在黄河中游的南部，植被覆盖度在40%～50%时，侵蚀模数变化不明显，当覆盖度小于20%时减蚀作用迅速减小[187]。

土地利用变化包括土地资源的数量、质量与土地利用结构随时间的变化，也包括土地利用的空间结构变化及土地利用类型组合方式的变化，可引起许多自然现象和生态过程的变化，如土壤侵蚀、地表径流、土壤养分和水分变化等。土地利用变化引起影响土壤侵蚀的其他因素的变化，从而导致土壤侵蚀的方式和强度发生变化。不合理的土地利用，改变了地形条件，恶化了土壤特性，破坏了植被资源，从而加剧了土壤侵蚀，是土壤侵蚀的主要原因之一[188]。我国学者傅伯杰等[189]在黄土丘陵小流域利用2个时段和3种退耕方案中的土地利用/土地覆盖数据，进行了土地利用变化对流域土壤侵蚀影响的研究，得出了流域出口的侵蚀总量大小顺序为：1975年＞1998年＞25°退耕＞20°退耕＞15°退耕的结论。

10.1.3 土壤侵蚀模型研究进展

土壤侵蚀是自然景观发展的一种正常现象[190]，由侵蚀所产生的泥沙以及由泥沙输移对水生生态系统及与水生生态系统相互作用的其他系统所造成的影响，日益受到人类的关注，对土壤侵蚀产沙和泥沙输移的定量研究长期以来一直是国内外学者研究的重点。在众多定量化研究的方法中，利用数学模型对泥沙的产生和输移进行模拟是一种有效的手段，也是土壤侵蚀学科的前沿研究领域。按照模型的建模手段和方法，土壤侵蚀数学模型一般分为经验统计模型和物理过程模型，而根据所研究对象的不同，又有坡面土壤侵蚀模型和流域土壤侵蚀模型之分。流域是自然界中完整的降雨—侵蚀—产沙系统，更符合实际情况，而坡面土壤侵蚀模型研究和发展是流域侵蚀产沙模型的基础。流域土壤侵蚀预报模型又可分为集总式模型和分布式模型两种。集总模型反映流域的总体平均或者平均行为。分布式模型则将流域划分为若干网络，通过对每个网格的赋值来反映影响土壤侵蚀的各种因素在流域内的差异，然后根据一系列反映侵蚀过程的运算程序计算各个网格的产流产沙，最后进行合理归并，从而达到比较准确地预报整个流域产流产沙的目的。研究表明,分布式模型比集总式模型更能准确地反映自然流域的侵蚀状况[191]。

土壤侵蚀的定量研究最早可以追溯到1877年德国土壤学家Ewald Wollny的研究[192]。此后的一个多世纪,在各国学者的努力下,随着对土壤侵蚀基本规律认识的不断发展,关于土壤侵蚀模型的研究取得了丰硕的成果。根据研究的历程,可将土壤侵蚀模型的研究大致划分为3个阶段,即经验统计模型研究阶段,以土壤侵蚀机理为基础的概念性模型研究阶段,将GIS、RS等技术手段应用于各类土壤侵蚀模型的阶段。这三个阶段并不是时间上的严格划分,主要是根据模型研究重点的不同进行划分的。

第一阶段从1877年一直到20世纪60年代末。这一时期的研究工作主要集中于侵蚀量与简单因子的关系,围绕影响水土流失的单个因子,如坡度、坡长、植被覆盖度等展开。大量径流小区的建立和观测,促进了统计模型的发展。1917年美国学者M. F. Miller及其同事们在密苏里农业实验站布设小区开展农作物及轮作对侵蚀和径流的影响研究[193],获得了大量的数据和经验。20世纪20年代,美国农业部(USDA)土壤调查专家贝纳特(Bennett)等建立土壤侵蚀试验站,并将Miller的径流、侵蚀研究方法进行推广应用[194]。1936年,H. L. Cook对大量径流小区资料进行系统分析后,提出了定量描述土壤侵蚀的三大因子:土壤可蚀性、降雨侵蚀力及植被覆盖[195],为土壤侵蚀预报技术发展提供了思路。1940年,A. W. Zingg建立了土壤侵蚀速率与坡度、坡长间的定量关系[196],一年后D. D. Smith在A W Zingg研究的基础上增加了作物因子和水土保持措施因子[197],从而为通用土壤流失方程的建立奠定了基础。1947年G. W. Musgrave提出的Musgrave方程将土壤侵蚀与土壤可蚀性、植被、坡度、坡长和雨强的关系进行了经验性的描述[198],此方程在美国东部各州农业和林地的片蚀和细沟侵蚀预测中得到了应用。1965年W. H. Wischmeier和D. D. Simth在对美国东部地区30个州近30年1000多万个径流小区的观测资料进行系统分析后,提出了著名的经验模型——通用土壤流失方程(Universal Soil Loss Equation, USLE)[199]。该方程全面考虑了影响土壤侵蚀的自然因素,通过降雨侵蚀力、土壤可蚀性、坡度坡长、作物覆盖和水土保持措施五大因子进行定量计算。通用土壤流失方程所依据的资料丰富、涉及区域广泛,因而具有较强的实用性,在世界范围内得到了广泛的推广。

经验统计模型并不是在这一阶段后就不发展了,相反由于该类模型所具有的优势,直到目前仍被众多学者所关注。1978年,W. H. Wischmeier和D. D. Smith针对应用中存在的问题,对USLE进行了修正,使USLE更具普遍性[200]。由于USLE是以年侵蚀资料为基础建立起来的,无法进行次降雨土壤侵蚀的预报。为此,美国土壤保持局于1985年开始了对USLE的修正,于1992年颁布了USLE的修正版RUSLE[201],用于长期平均土壤流失量的预报,同时也可进行次降雨的土壤侵蚀预报。

第二阶段从20世纪60年代末到80年代中期。这一阶段,随着实验技术的进步,对土壤侵蚀的物理机理有了进一步的认识,模型研究主要以具有物理基础的过程模型为主。该类模型最早出现于60年代末,是从产沙、水流汇流及泥沙输移的物理概念出发,利用各种数学方法,结合气象学、水文学、水力学、土壤学和泥沙运动力学等相关学科的基本原理,经过一定的简化,以数学的形式总结出土壤侵蚀过程与影响因子之间的关系,预报给定时段内土壤侵蚀量,并能模拟土壤的侵蚀过程。由于基于质量守恒、牛顿第二运动定律等物理基本规律,使得模型可在其他地区推广应用。但模型大多还不是完全意义的物理模型,而是基于物理基础的概念模型。

1967年Negev就提出了一个具有物理基础的产沙模型[202]。该模型考虑了雨滴击溅、坡面流输移及细沟和冲沟中水流侵蚀和输移过程,但各侵蚀子过程的侵蚀量和输沙量由经验关系确定。由于认识到土壤侵蚀分为降雨分散、径流分散、降雨输移和径流输移4个基本的侵蚀过程[203],1969年Meyer等对这4个基本侵蚀过程分别进行了定量描述[204],提出了侵蚀与输移量的过程模型。该模型将单元面积上的产沙量(降雨分散量与径流分散量之和)与输移能力(降雨输移能力与径流输移能力之和)进行比较,得出本单元的输出沙量。其侵蚀产沙量的计算思路对后来侵蚀模型的发展产生了深远的影响[205]。1972年Foster和Meyer根据泥沙输移连续方程来描述泥沙顺坡运动,并建立了细沟的输沙冲淤平衡方程,描述了水流分离速率与泥沙荷载的关系[206]。进入20世纪80年代以后,众多基于土壤侵蚀过程具有物理基础的模型相继问世,其中以美国的WEPP[207]、EPIC[208]、欧洲的EUROSEM[209]、荷兰的LISEM[210]、澳大利亚的GUEST[211]最具代表性。

土壤侵蚀模型发展的第三阶段是将GIS与RS技术与模型的研究及应用相结合的时期,时间大约从20世纪80年代末至今。由于土壤侵蚀的复杂性和广泛性,以及模型参数的空间变异性,使得运用传统技术,忽略空间的变异性进行集总式的土壤侵蚀模拟研究遇到了很大的困难,正如Novotny指出的[212]:一个好的模型应该充分考虑区域空间的变异性以及能够利用分布式的过程来模拟情况。而一旦考虑了空间的变异性,模型参数的输入输出将变得繁多而复杂,同时模型所需的大量空间信息也难以获得。GIS与RS技术应用于土壤侵蚀模型的研究正好解决了这个问题。RS与GIS研究对象都是空间实体,RS着眼于空间数据的采集和分类,是GIS重要的信息源。GIS侧重于空间数据的管理分析,是RS信息提取与分析的重要手段。

加拿大地理学家 Tomlinson 于 1963 年开发出世界上第一个地理数据分析系统，并于 1968 年首次提出了 GIS(地理信息系统)这一术语[213]。1972 年加拿大建立了包括地质、生态、土地利用、土壤等数据库的土地信息系统[214]。在 20 世纪 70 年代初，美国建立了土壤信息系统[215]，并在 80 年代中期完成了州级及全美国家土壤地理信息系统[216]。能用于土壤侵蚀研究的各类数据库相继建立，为土壤侵蚀模型的研究提供了重要的资料来源及技术平台。土壤侵蚀模型与 GIS 的耦合主要也是 3 种方式，即松散耦合、部分耦合和完全耦合。

我国土壤流失预报模型的研究始于 20 世纪 50 年代，主要是根据径流小区观测资料，建立估算次降雨土壤侵蚀量的统计模型。20 世纪 80 年代以来，以美国通用土壤流失预报方程 USLE 为蓝本，根据各地研究区的实际情况进行修正，建立地区性的土壤侵蚀预报模型。进入 20 世纪 90 年代，基于土壤侵蚀过程的研究成果，尝试流域物理模型的建立，并将 GIS 与 RS 技术引入到土壤侵蚀模型的研究及应用中。

1. 经验统计模型

美国通用土壤侵蚀模型 USLE 是土壤侵蚀研究过程中的一个伟大的里程碑，它是在对美国东部地区 30 个州 10000 多个径流小区近 30 年的观测资料进行系统分析基础上得出的，方程如下[217]：

$$A=R\times K\times LS\times C\times P \tag{10-16}$$

式中，A 为单位面积年土壤流失量；R 为降雨侵蚀力因子；K 为土壤可蚀性因子；LS 为坡度与坡长因子；C 为作物覆盖与管理因子；P 为水土保持措施因子。

USLE 的主要优点为：①拟定了标准小区，为对不同条件下土壤流失量的比较提供了可能；②充分考虑了影响土壤侵蚀的主要因子；③各评价因子完全独立，且可进行实际测试；④降雨侵蚀力指标为各地提供了更准确的降雨侵蚀潜势；⑤土壤可蚀性指数直接用土壤性状进行评价，并对大部分土壤提供了计算土壤可蚀性的方法；⑥将作物覆盖与田间管理综合考虑，更符合实际情况[50]。基于上述优点，使得该模型不仅在美国，而且在全世界得到了广泛应用，对中国土壤侵蚀模型的研究也起到了重要的推动作用。其他许多国家和地区也以 USLE 为蓝本，结合本国本地区的实际情况，开发了适用于本国本地区的侵蚀预报模型。USLE 在土壤侵蚀定量研究领域的地位和作用是其他模型难以比拟的。在后来开发的集径流、土壤侵蚀、水质为一体的模型中，许多土壤侵蚀产沙模型都是采用 USLE 或 USLE 的修正版 RUSLE，如 CREAMS[218]、AGNPS[219]、SWAT[220] 等模型。由于 USLE 使用的数据主要来自美国洛基山山脉以东地区，仅适用平缓坡地，不太适用于施行垄作、等高耕作以及能造成泥沙沉积的带状耕作措施的地区，使其推广应用受到限制[221]。

1991年，在USLE的基础上，以水力侵蚀理论为基础，提出了修正的通用土壤流失方程(RUSLE)[222]，该模型于1992年首次发布。RUSLE与USLE的结构相同，但数据源更广，对各因子的含义与算法也做了修改。对R值考虑到了表层水流对降雨击溅的缓冲作用，尤其是对高强度暴雨区的降雨侵蚀力等值线图进行了修正；在K值研究中考虑了季节变化的影响；LS值的测算则扩展了原有$<9°$的适用范围，并对此提出了新的坡长测算方法，使得坡度、坡长因子的适用性更广；C因子在RUSLE模型中被分为若干个次因子，包括前期土壤管理状况、作物郁闭度、地表覆盖、地表糙度、土壤前期含水量，扩大了C因子的内涵，从而对保土耕作措施、轮作措施等的估算更加精确。P值对等高耕作、带状耕作对泥沙输移的影响进行了考虑。

我国经验统计模型的研究始于20世纪50年代。1953年刘善建[223]根据径流小区观测资料指出，当坡度增加到15°以上时，土壤侵蚀量的增加更为剧烈，冲刷深度与坡度呈指数相关，并据此得出了坡面年侵蚀量的计算公式，为我国土壤侵蚀的定量化研究揭开了序幕。此后，我国学者进行了大量的研究，在坡面和小流域土壤侵蚀模拟方面取得了大量成果，比较有代表性的坡面土壤侵蚀模型是江忠善等[224]、刘宝元[225]的研究成果，小流域土壤侵蚀模型有江忠善等[226]、牟金泽等[227]、金争平等[228]的研究成果。

2.物理过程模型

1947年Ellision将土壤侵蚀分为降雨分散、径流分离、降雨输移和径流输移4个子过程，据此，Meyer等对这4个基本侵蚀过程分别进行了定量描述，提出了侵蚀与输移量的过程模型：

$$\text{降雨分散量}: D_R = S_{DR} A_I \tag{10-17}$$

$$\text{径流分散量}: D_F = S_{DF} A_I S^{\frac{2}{3}} Q^{\frac{2}{3}} \tag{10-18}$$

$$\text{降雨输移能力}: T_R = S_{TR} S I \tag{10-19}$$

$$\text{径流输移能力}: T_F = S_{TF} S^{\frac{5}{3}} Q^{\frac{5}{3}} \tag{10-20}$$

式中，A_I为坡段I的面积；S_{DR}、S_{DF}、S_{TR}、S_{TF}为系数。

方程中的指数是根据侵蚀过程研究和理论探讨确定的。各单元面积上的泥沙来源于降雨与径流的分散量(D_R+D_F)及上游坡段带来的沙量，将单元面积上的泥沙产量与输沙能力(T_R+T_F)相比较，如可供沙量小于输沙能力，则可供沙量为单元的限制因子，带到下一单元面积上的可供泥沙量等于现有沙量，反之，则输沙能力成为限制因子，产沙量等于输沙能力。

1972 年 Foster 和 Meyer[229] 根据侵蚀泥沙的来源将坡面侵蚀划分为细沟间侵蚀和细沟侵蚀，假定在近似稳定流的条件下，根据泥沙输移连续方程建立了坡面侵蚀泥沙连续方程：

$$dG/dx = D_r + D_i \tag{10-21}$$

式中，G 为输沙率；x 为细沟长度；D_r 为细沟泥沙输移率；D_i 为细沟间泥沙输移速率。细沟流分离速率与径流分离能力、挟沙力、实际输沙率密切相关，用下式描述：

$$D_r = D_C(1 - G/T_C) \tag{10-22}$$

式中，D_C 为径流分离能力；T_C 为径流挟沙力。在特定土壤和水动力条件下，径流分离能力 D_C 和径流挟沙力 T_C 可视为常数。

上述两式的建立及其在降雨击溅及其对土粒的扰动[230]、径流分散土壤能力[231]、泥沙输移[232]、水流挟沙力[233]、泥沙沉积[234]等研究领域取得的成果，为土壤侵蚀物理模型的建立提供了必要的理论依据，成为流域土壤侵蚀物理模型发展的理论基础。

流域土壤侵蚀模型 WEPP(Water Erosion Prediction Project)[235,236]是美国农业部为解决 USLE 中存在的不足与限制，投入大量的人力物力开发的水蚀预报模型，是迄今为止描述水蚀相关物理过程参数最多的模型。WEPP 是以随机天气生成模型、入渗理论、水文学、土壤物理、作物科学、水力学和侵蚀力学为基础开发的，包含坡面、流域与网络三个版本。WEPP 可以对坡地、小流域的土壤侵蚀过程和水文过程进行模拟、预测和预报；预报每天或单次由于降雨、融雪以及灌溉所引起的土壤流失与沉积，还可以计算月、年平均径流及沟蚀和沟间侵蚀及泥沙运动的过程。它由 9 个部分组成：气候产生(用气候发生器模拟日降雨量、降雨历时等气候要素)、冬天过程、灌溉、水文过程、土壤、植物生长和残茬分解、地表径流、侵蚀与沉积。其中的水文过程包括入渗、产流、地表蒸发、植物蒸腾、土壤水饱和渗透、植被和残渣截流、截持水量、土壤表层下的排水等，入渗过程采用修正后的 Green-Ampt 方程计算，产流采用运动波理论公式；土壤侵蚀采用稳定状态下的泥沙连续方程，可计算坡向纵断面和流域泥沙冲刷及沉积净值，模型把土壤的冲刷过程看作雨强与流速共同作用的过程，把泥沙输移过程看作坡面与地表粗糙率的函数；在土壤分离、泥沙输移的动力学基础方面，应用了径流剪切力的概念，用修正的 Yalin 输移方程进行水流挟沙力的计算，最后得到计算的总侵蚀量。

EPIC(The Erosion-Productivity Impact Caculator) 模型是一个适用于田间尺度的连续性土壤侵蚀评价模型，被用来评价土壤侵蚀对土壤生产力的影响。模型主要由气候、水文、侵蚀沉积、营养循环、杀虫剂、作物生长、土壤温度、耕作、经济状况和植物环境控制等9个因子和36个方程组成。EPIC的水文子模型主要采用SCS曲线进行计算,在已知日降水量的情况下,利用径流因子可以模拟地表径流量和洪峰流量;水蚀子模型采用USEL,并细化降雨特征对于侵蚀产沙的影响。

欧洲的EUROSEM(The European Soil Erosion Model)模型[237,238]是基于物理成因的次暴雨侵蚀模型,适用于以缓坡为主的小流域,可以计算径流量和土壤流失量,还可以生成次降雨水文图和产沙图。该模型涉及植被截留、直达地面的降雨量和树冠降雨量及其动能、树干径流量、地表洼地蓄水量、溅蚀和径流引起的土壤剥离、产沙、径流的输移能力等,并考虑了土壤表层岩石碎块覆盖对下渗、流速和溅蚀的影响。

荷兰的LISEM模型(The Limburg Soil Erosion Model)[239,240,241]是以荷兰南部黄土地区土壤侵蚀和水土保持规划为基础开发的基于土壤侵蚀过程的小流域侵蚀预报模型,适用于1～100hm^2的农业流域内次降雨所产生的径流和侵蚀模拟。模型考虑了土壤侵蚀产沙的整个过程,包括降雨、截流、较大洼地的填洼、入渗、土壤中的水分垂直运动、地表径流、沟道水流、土壤剥离、泥沙输移等。

我国在土壤侵蚀物理过程模型的研究方面也取得了较多的成果,比较具有代表性的坡面侵蚀模型有王礼先[242]、蔡强国[243]、段建南[244]的模型;流域侵蚀模型有谢树楠[245]、包为民[246]、汤立群[247]以及蔡强国[248]的研究成果。

10.2 可耦合产输沙的分布式水文模型

由降雨引起的水力侵蚀产沙问题,是当今世界上最大的环境问题之一[249]。对水力侵蚀产输沙过程进行模拟研究,一直以来都是国内外学者研究的热点,也是目前土壤侵蚀研究的前沿课题。由于水力侵蚀的外力来自于降雨,对侵蚀过程的模拟也应从降雨引起的产流、汇流着手,即完整的侵蚀产输沙过程模拟必须是包括产汇流和产输沙过程模拟的水沙模型。只有在构建符合产汇流规律的水文模型的基础上,根据土壤侵蚀机理建立起来的产输沙模型才能更合理地模拟整个土壤侵蚀过程。

选取资料情况较好的黄河中游无定河水系的二级支流——小理河流域,建立分布式产汇流模型,进行土壤侵蚀和产输沙研究。将该流域作为研究区域主要基于以下考虑:小理河流域位于黄土高原的多沙粗沙区,自然地理区划属于黄土丘陵沟壑区第一副区,土壤侵蚀严重,沟谷发育剧烈,具有典型的黄土丘陵沟壑区的侵蚀特征；小理河流域面积大小适中，为 807 km^2，沟谷、河流发育较为完整，各类侵蚀在流域内均有较全面的反映，且分布式计算时的计算量并不十分巨大，利于模型参数的率定；水文气象资料较为完整。

10.2.1 单元汇流宽度理论

传统的分布式水文模型在进行汇流计算时，计算单元沿水流方向的宽度即为汇流宽度。对于坡面汇流，该做法将坡面流从始至终作为片状薄层水流处理，而在实际中，坡面片状水流只是存在于汇流开始的阶段，由于水流的冲刷和侵蚀作用，片状水流很快就汇集为细沟流。根据研究，坡面形成细沟后，在细沟间距不变、相同的雨强和相等的坡度条件下，细沟不断侵蚀增宽，沟内断面平均流速会随之减小[250]。细沟宽度发展到一定程度后，细沟流速与细沟泥沙起动流速相等，从而形成稳定的细沟宽度。在通常的汇流模拟中，由于将以细沟流为主的坡面水流作为片状水流对待，坡面汇流计算的汇流宽度远远大于实际细沟流宽度的总和；在进行河道汇流计算时，传统的做法仍是将数字河道单元的宽度直接作为河道水流宽度对待，使得据此得到的水流流速与实际流速有很大不同。在进行单纯的产汇流模拟研究时，通过对汇流过程的一定技术处理，可以得到满足精度要求的水流过程。但在进行分布式土壤侵蚀模拟的研究时，由于分布式产输沙的计算需要通过水流流速确定水流的挟沙力，水流流速是否与实际情况相符，将极大地影响产输沙的计算结果。为了满足产输沙计算的需要，就必须对汇流计算过程中的汇流宽度进行确定，使得到的水流流速尽可能与实际的汇流过程相符。

在分布式水文模型的汇流计算中，常把实际水面面积等同于单元面积，即用单元尺寸代替实际的河道宽度。这种假定只适用于自然条件下的两种特殊情况：一是坡面顶部产流时会有短暂的“面流”存在；二是流域中下游主河槽宽度刚好等于单元尺寸。

通过参数的调试组合，在出口处的水量计算中该假定带来的误差会正负叠加，但在其他非出口处的网格上，计算结果往往有较大误差。

分布式汇流的主要目的是寻找坡面流速与坡度、植被等下垫面特性之间的关系，更细致的还涉及水量的累积，即从坡顶到坡脚，水深与流量不断增加，但水深的增量不与流量的增量成正比，因为流速也同时增加了。有研究表明，坡面上水深的增量与流量增量的 2/3 次方成正比[251]。

在忽略次网格汇流的情况下，单元上的过境水流从坡顶的片流逐渐汇聚成股，进入细沟、浅沟、切沟、小河直到大河，水流的集中程度逐渐增加。

如果用单元内所用过水通道的宽度之和除以单元尺寸作为纵坐标，用集水面积或集水网格数量作为横坐标，就会得到一条曲线(图10-1)，即在坡顶片流阶段过水宽度占满全部网格，对应曲线的“A”点；随着水流迅速汇聚成股过水宽度比例迅速减少，对应曲线的“B”点；当水流进入小河、大河时水流的集中程度仍然在增加，但由于集水面积的增加，水量也随之增加，需要更大的过水通道，在曲线中表现为从“C”点拐向“D”点；随着水量的进一步增加，河道宽度也随之增加，直到再次占满整个单元，即曲线中的“E”点；当集水面积很大时，相邻的几个网格都属于河道，此时对应着曲线中的“F”点。这条曲线不妨称为“过水通道宽度曲线”。

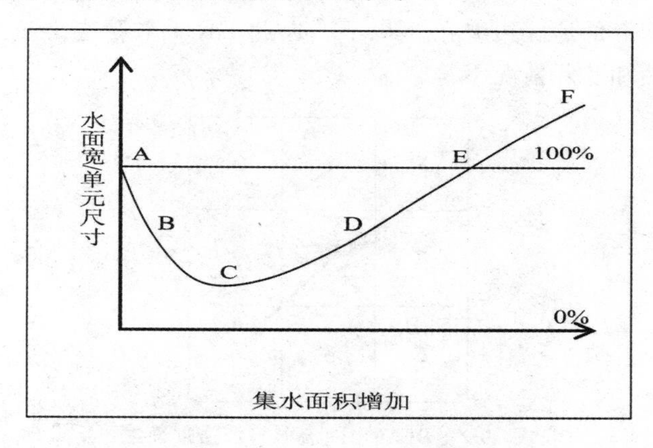

图10-1　过水通道宽度曲线

过水通道宽度曲线描述了过水通道在流域上不同点的宽度情况，如果有足够分辨率(如1m)的资料就可以进行统计分析加以确认，但目前只能通过理论分析得到。该曲线作用包括如下几个方面：

1)统一坡面汇流参数与河道汇流参数。为了描述水流集中、水量累积等因素对汇流的影响，在分布式汇流中常通过两套不同的参数把坡面汇流与河道汇流分别计算，二者通过集水面积阈值来区分。实际的情况是，水流从坡面流到河道水流是一个连续的过程，用过水通道宽度曲线来描述更加合理，而且不再需要两套不同的参数。

2)便于确定合适的DEM分辨率。当区域的集水面积在E点左侧时，河道汇流与坡面汇流的计算方法都符合流域特征提取时最陡坡度法中唯一出口的假定；当集水面积在E点右侧时，就会同时有若干相邻网格有水流通过，这需要同时改变流域特征提取方法和河道汇流计算方法。因此为了简便起见，应该把E点作为确定DEM分辨率的指标：只要能够保证计算区域出口处的集水面积在E点左侧，就可以取更小的分辨率。

3)计算水位、矫正流速后计算输沙。分布式水文模型的水流流速并不计算真正流速,它包含了影响出口处汇流结果的所有误差;而在输沙计算中,流速误差将以几何级数传递到携沙能力的误差中[252]。过水通道宽度曲线的使用,使得不同网格的流速计算相对于原来更趋合理,这将进一步降低输沙计算的误差。

在已知流向 OA 的条件下,如图 10-2 所示,OA 的法线方向 BOC 就是河道的剖面,常用的河道剖面是“V”形假定。从 DEM 提取出的河道边坡由于资料均化的影响,很难反映真实的边坡情况。以小理河 100m 的 DEM 为例,提取出的边坡见图 10-3 和图 10-4,最大边坡 30.5°,边坡 15°以上的仅占 1.68%,54.2%的地区边坡在 3°以下。以此 DEM 来看这是一个相当平坦的区域,显然和实际情况不符。

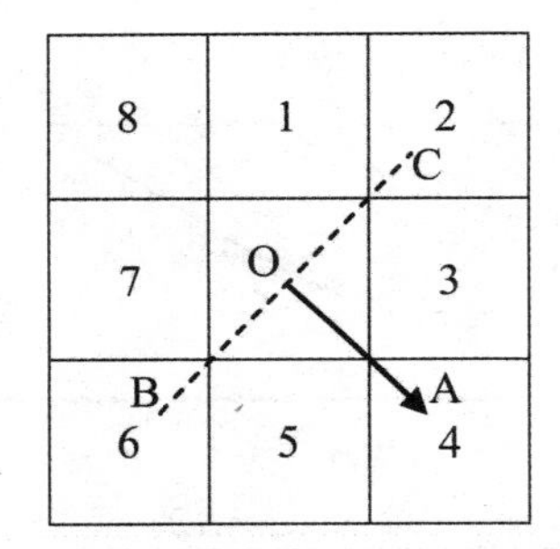

图 10-2　DEM 中的流向与河道剖面线

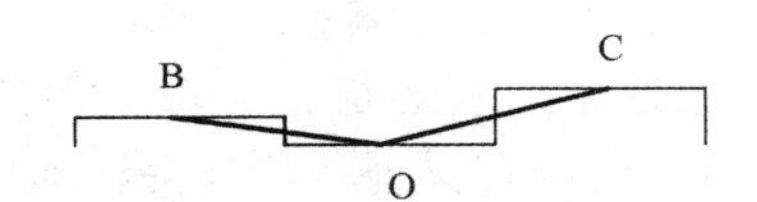

图 10-3　DEM 中的河道剖面与“V”形边坡

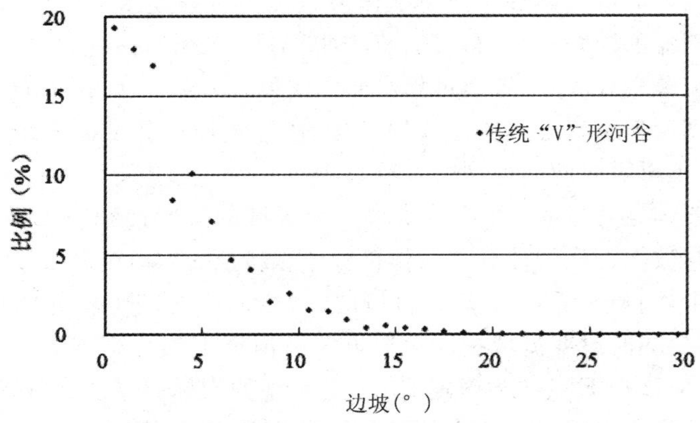

图 10-4　小理河 100mDEM 提取出的河道边坡情况

在现有资料的基础上，为了弥补资料均化对边坡提取的影响，尝试引入“过水通道宽度曲线”，即把河道坡面假定为图 10-5 的情况，单元中只有一部分是河道，剩下的部分是相邻网格地形的延伸。因为小理河流域缺乏实测的大断面资料，从可行性的角度直接移用东湾流域的简化曲线。以此提取出的边坡见图 10-6，最大边坡 60.2°，边坡 15°以上的占 17.2%，40.0%的地区边坡在 3°以下。这进一步接近了小理河起伏不平的黄土山岭地形。

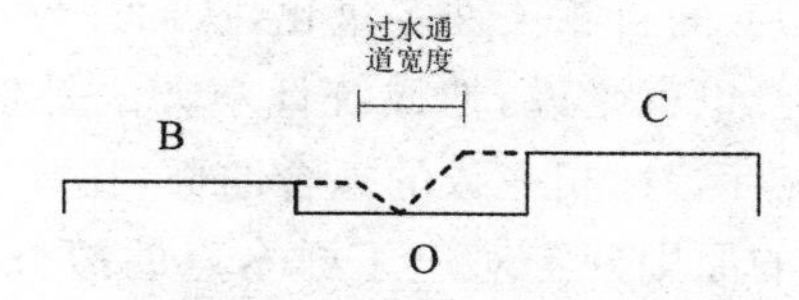

图 10-5　考虑过水通道宽度后的河道剖面

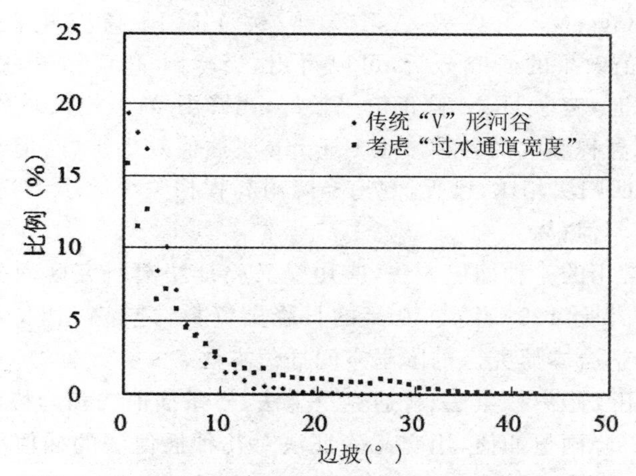

图 10-6　按过水通道宽度修正后提取的河道边坡情况

在黄土地区的泥沙侵蚀中，重力侵蚀所占的比例很大，而重力侵蚀与边坡坡度关系密切。按照常规方法提取出的河道边坡由于资料坦化的影响失真很大，无法直接应用到计算过程中。考虑了“过水通道宽度”的沿程变化以后，虽然受限于资料无法进行有力的论证，但比起人为赋值或调试的方法其主观性更小、更接近实际情况。

10.2.2　降雨信息的空间分布化

降雨是所有水文过程的驱动力，而降雨信息获得的主要途径是通过在流域内设置有限数量的降雨观测站进行降雨量的观测。由于雨量站数量的限制，使得在进行流域水文过程的分布式模拟时，观测站点外区域的降雨信息只能通过临近站点的观测值来估算。也就是说，需要进行降雨信息的空间插值，实现流域内降雨信息的空间分布化，才能以准确的降雨空间分布数据作为模型的基本输入，满足分布式模拟的需要。

降水量的实际观测是在一些有限的代表性站点上进行的，如何将这些站点上同一时间内实测的降水信息外推到整个研究区域，国内外已进行了大量的研究，总结出了多种插值方法。概括起来主要包括地质统计学方法和确定性空间插值法两个类型。地质统计学插值方法是利用样本点的统计规律，使样本点之间的空间自相关性定量化，从而在待预测的点周围构建样本点的空间结构模型。也就是说，地质统计学方法是根据样本点的统计特性，构建一个与这个统计特性相一致的拟合曲面，比如 Kriging 法。确定性插值方法是按照一定的原则确定对应于样本点的拟合曲面，如反距离权重法、样条函数法、趋势面法等[253]。

根据 Goovaerts[254] 以及 Asli 等[255] 关于降雨-高程相关系数影响 Kriging法插值效果的研究分析，可以得出，当降雨-高程相关系数位于0.4至 0.75 之间时，考虑 DEM 修正效果较好；当降雨-高程相关系数大于 0.75 时，尽管考虑高程影响的各种修正 Kriging 法插值效果很好，但与简单的降雨-高程线性回归法相比，已无优势；当降雨高程相关系数小于 0.4 时，考虑 DEM 修正已不值得。

对比较常用的 4 种插值方法，应用交叉验证法对研究区内分布的 7 个雨量站 1990 年至 1999 年共 10 年的日降雨资料，进行插值效果的验证分析，以选择最适合本研究区的降雨空间插值方法。

分别采用反距离权重法、普通克里金法、样条插值法和趋势面法对小理河流域进行日降雨量插值，用交叉验证法对几种插值法的插值结果进行比较分析，见表 10-1。

表 10-1　插值方法交叉验证结果比较

插值方法	插值模型	平均误差	平均绝对误差	平均误差平方和的平方根
反距离权重法	指数 $q=1$	1.890	2.804	3.248
	指数 $q=2$	0.557	1.214	1.454
	指数 $q=3$	1.049	1.906	2.094
普通克里金法	线性模型	−0.771	2.057	2.261
	指数模型	0.581	1.810	1.876
	环行模型	0.529	1.871	1.972
	球型模型	0.586	1.729	1.916
样条插值法	3 次样条	−0.829	2.086	2.217
趋势面法	二次多项式	−1.371	2.457	2.638

从验证结果可以看出，反距离平方权重法和普通克里金法的指数、环型、球型模型在平均误差、平均绝对误差及平均误差平方和的平方根等几方面的验证结果均较其他几种方法为优，而相关文献[202]采用上述验证方法对无定河流域80个雨量站20年的日降雨资料的验证结果也证明了在黄土高原多沙粗沙区进行降雨插值较好的方法为反距离权重法和普通克里金法。结合插值方法应用的方便程度来看，反距离权重插值法用于本文研究区的降雨资料插值是最为适合的。

10.2.3 产流模型

在黄河中游地区，由于降水稀少，年降水量仅为500mm左右，气候干燥，土壤缺水量大，一场降雨常不足以补足土壤的缺水量。由于覆盖着深厚的黄土层，土壤颗粒细小，降雨极易在地表形成土壤“结皮”现象，使下渗能力减小，降雨强度较大时，常常超过下渗能力而形成超渗产流。

超渗产流是在土湿达到田间持水量之前因雨强大于土壤的下渗强度而产流。对于一场降雨来说，开始时的土壤含水量较小，此时的下渗能力较大，随着降雨的继续，下渗补充使土壤含水量不断增大，最终趋于稳定，达到一个最大值，而下渗能力也趋于稳定。这种下渗能力与时间的关系过程，习惯上称之为下渗曲线。目前，最常用的下渗曲线为霍顿(Horton)公式和菲利浦公式。

根据研究，对于菲利浦下渗公式，在$t \to 0$时，$f \to \infty$；$t \to \infty$时，$f \to \alpha$，使起始土壤湿度较小的次洪水的拟合精度受到影响。霍顿下渗公式有三个参数，比较容易符合下渗的物理机制[256]。因此，本章采用霍顿公式进行下渗计算。

产生径流的有效降雨等于实际降雨扣除降雨损失的部分。有效降雨由流域上的实际降雨以及蒸发蒸腾、林冠截留、填洼、土壤入渗等降雨损失而决定。由于研究区的降雨损失主要为林冠截留和土壤入渗，蒸发蒸腾和填洼损失量很小，可以忽略。因此，在产流的计算中，只考虑林冠截留和土壤入渗的降雨损失。

10.2.4 汇流模型

流域上的降雨经产流计算后，各网格单元的水流只有经过适当的汇流计算才能形成流域出口的流量过程。汇流演算包括坡面汇流和河道汇流两部分，河道汇流多以圣维南方程组为基础进行汇流演算，如马斯京根法、加里宁-米留柯夫法、扩散波模拟法、滞时演进法以及线性动力波法等方法;而对于坡面汇流,常以单位线、等流时线、线性水库等简化方法进行计算。

由于进行产输沙计算的需要,在汇流计算中必须采用逐网格汇流的计算方式,才能提供每个网格单元在计算时段内的平均流量、流速等信息,以满足产输沙计算的需要。以圣维南方程组及其简化形式进行坡面汇流和河道汇流的计算,能够满足本书的需要,且这种以物理规律为基础的汇流方法能更细致准确地描述径流的运动规律,这也是该方法在坡面汇流和河道汇流中应用日益广泛的原因之一。

10.2.5 产汇流模型验证

选择小理河流域1967～1996年有同步实测水沙资料的16场洪水进行产汇流模型的率定及验证。16场洪水洪号分别为:670717、670826、670829、670831、700827、820708、850614、850619、920804、920828、930820、940804、950605、950713、950902、960616。

选取16场洪水中的前10场洪水洪号,即670717、670826、670829、670831、700827、820708、850614、850619、920804、920828洪水进行参数率定,水文模型率定结果如表10-2所示。

表 10-2 水文模型率定结果

编号	洪号	实测洪峰 (m^3/s)	计算洪峰 (m^3/s)	相对误差 (%)	峰现时差 (h)	相关系数	实测洪量 ($10^4m^3/s$)	计算洪量 ($10^4m^3/s$)	相对误差 (%)
1	670717	328	306	−6.6	−1.0	0.774	370.8	379.2	2.3
2	670826	246	261	6.3	0	0.898	230.9	176.3	−23.6
3	670829	154	166	7.8	0.5	0.732	200.1	126.1	−37.0
4	670831	201	184	−8.4	0.5	0.764	307.1	280.9	−8.5
5	700827	251	269	7.0	1	0.754	358.7	209.3	−41.7
6	820708	82.6	93.0	15.6	0.5	0.748	134.6	138.5	2.9
7	850614	27.4	30.3	10.5	0	0.913	39.96	36.31	−9.1
8	850619	34.4	39.3	14.2	0	0.955	52.27	47.12	−9.8
9	920804	103	114	10.9	0.5	0.822	247.4	198.0	−20.0
10	920828	55.7	62.3	11.8	0	0.868	131.8	74.75	−43.3
绝对值平均误差(%)		9.9					19.8		

选取16场洪水中的后6场洪水洪号，即930820、940804、950605、950713、950902、960616洪水对模型进行验证，水文模型验证结果如表10-3所示。

表10-3　水文模型验证结果

编号	洪号	实测洪峰(m^3/s)	计算洪峰(m^3/s)	相对误差(%)	峰现时差(h)	相关系数	实测洪量($10^4 m^3/s$)	计算洪量($10^4 m^3/s$)	相对误差(%)
1	930820	69.3	81.6	17.7	0	0.828	121.1	119.0	−1.7
2	940804	505	555	9.9	0.5	0.853	1304	1282	−1.7
3	950605	81.1	86.5	−5.6	0.5	0.687	176.5	91.84	−48.0
4	950713	74.6	74	−0.8	0	0.892	92.2	88.8	−3.8
5	950902	588	575	−2.2	−0.5	0.834	565.1	529.7	−6.3
6	960616	162	154	−4.8	−0.5	0.861	199.0	237.0	19.1
绝对值平均误差(%)		6.8					13.4		

从验证的结果来看，模型所模拟的6场洪水的洪峰与实测洪峰的峰现时间有4场相差0.5h，另外2场无时差，峰值最大误差为17.7%，最小误差只有0.8%，平均绝对误差为6.8%，说明本模型对洪水峰值的模拟具有较高的精度。6场洪水的计算洪量与实测洪量相比，除960616号洪水外均小于实测洪量，最大误差为−48.0%，最小误差为−1.7%，平均绝对误差为13.4%，洪量的模拟精度低于洪峰的模拟精度。

10.3　分布式产输沙计算

根据前文对土壤侵蚀分类、侵蚀过程以及不同侵蚀过程的影响因素的分析，在产输沙模型的构建中，侵蚀产沙主要分为坡面细沟间降雨溅蚀、坡面细沟径流冲蚀、沟道径流冲蚀、沟道重力侵蚀4个过程分别进行模拟，泥沙输移分为坡面输沙和沟道输沙进行模拟。

10.3.1　理论依据

用水动力学方法进行土壤侵蚀研究是目前建立侵蚀过程模型最常用的

方法。该方法以经典的物理定律，如能量守恒、动量守恒等为依据，在对侵蚀过程进行一定的概化后，建立具有一定物理基础的模型。这种方法在侵蚀模拟研究中应用得十分广泛，也取得了众多的成果。在目前对于土壤侵蚀的物理机理尚不十分明晰的情况下，上述方法是一种被普遍认可的，也是行之有效的模拟方法。因此，本书中侵蚀模型构建也采用上述方法进行。

1972 年 Foster 和 Meyer[62] 在假定近似稳定流的条件下，根据泥沙输移连续方程，将泥沙分离速率与径流分离能力、挟沙力、实际输沙率之间建立关系：

$$D_v = K(1 - T_v / X_v) \tag{10-23}$$

式中，D_v 为泥沙分离率；K 为径流分离能力；T_v 为输沙率；X_v 为径流挟沙力。在特定土壤和水动力条件下，径流分离能力和径流挟沙力可视为常数。

上式表明土壤的侵蚀速率受径流输沙率的限制，随着输沙率的增大而减小，当输沙率 T_v 等于径流挟沙力 X_v 时，土壤侵蚀率为 0；当输沙率小于径流挟沙力时，土壤发生径流侵蚀；当输沙率超过径流挟沙力时，则发生淤积。

将上式变形后，有：

$$D = K(T - X) \tag{10-24}$$

式中，D 为计算时段内的径流侵蚀量；K 为径流侵蚀系数，可通过率定获得；T 为计算时段内的径流可挟沙量；X 为计算时段内的输沙量。

上式中的输沙量 X 是侵蚀输沙过程由径流挟沙力所搬运的泥沙量。若假定可供径流搬运的泥沙充足时，径流挟沙力全部用来搬运泥沙；而可供搬运的泥沙小于径流挟沙力时，等于径流挟沙力的泥沙全部由径流搬运，则上式中输沙量可用可供沙量代替。此即为本书建模的基本理论依据。

10.3.2 水流挟沙力计算

水流挟沙力是表征在一定条件下水流挟带泥沙能力的综合性指标，也是径流分离土壤、泥沙输移的控制参数之一，对土壤侵蚀模拟的结果有重要影响。

关于水流挟沙力的研究，国内外许多学者或从理论出发，或根据不同的实际测验资料和试验室资料，提出了不少半理论半经验的或经验性的计算公式。在这些计算公式中，大部分将水流挟沙力作为一维问题处理，仅考虑全断面或全垂线的水流平均挟沙力；另一部分是将水流挟沙力作为二维问题处理，先推求点含沙量沿垂线分布，然后推广到全垂线乃至全断面。由于一维水流挟沙力公式形式简单、计算方便，而且也能保证一定的精度，在生产实践中应用较为广泛。二维公式从理论上说应该优于一维公式，也是水流挟沙力计算的发展趋势，但由于计算复杂，且目前的计算精度对比一维公式来说并不具有突出优势，加之所需要的垂线含沙量、流速等资料不易获得，限制了其在实际中的应用，但将水流挟沙力作为二维问题处理，可将挟沙力分粒径组计算，有利于探讨床沙在冲淤过程中出现的粗化和细化现象。

水流挟沙力公式的推求有两种常用的方法[201]，一种是经验法，另一种则是半理论法。

经验法的具体做法是，找出影响水流挟沙力 X_* 的主要因素，采用如下关系式：

$$X_* = f_x(x_1, x_2, \cdots, x_n) \tag{10-25}$$

上式的函数关系可以直接以这些自变量来推求，也可以利用 π 定律将这些因素改组为由(π－3)个由自变量组成的无尺度数(y_1，y_2，…，y_{n-3})来推求，即求 $x_* = f_y(y_1, y_2, \cdots, y_{n-3})$。

假定水流挟沙力 X_* 与断面平均流速 U、水深 h、断面宽 B、泥沙沉降速度 ω、泥沙在水中的有效重率 $\gamma_s - \gamma$、水的容重 γ、重力加速度 g、泥沙粒径 d 及水流黏滞性系数 v 有关，利用 π 定律，可得到由无尺度数组成的函数关系：

$$X_{v*} = f\left(\frac{U^2}{gh}, \frac{U}{\omega}, \frac{d}{h}, \frac{Uh}{v}, \frac{\gamma_s - \gamma}{\gamma}, \frac{B}{h}\right) \tag{10-26}$$

然后利用实测资料，分别按下式：

$$R = \frac{\sum (X_{v*} - \bar{X}_{v*})(y - \bar{y})}{\sqrt{\sum (X_{v*} - \bar{X}_{v*})^2 \sum (y - \bar{y})^2}} \tag{10-27}$$

求无量纲水流挟沙力 X_{v*}(体积比)与各无量纲数 y_i 的相关系数。将相关较差(相关系数较靠近0)的无尺度数去掉，不参加进一步的分析。另外，也可参照问题的物理实质，去掉某些无尺度数。对剩下的几个相关性较好的无尺度数，用多元回归分析方法，求出它们与水流挟沙力的函数关系。

半理论法建立水流挟沙力公式的实质，是从挟沙水流的某些力学机理出发，建立一定的物理模式，从而导出水流挟沙力公式的形式，再通过分析处于输沙平衡状态下水力泥沙的实测资料，确定公式中的有关系数。

经验法由于没有考虑物理机理，完全依靠实测资料推求水流挟沙力与影响因素之间的关系，实测资料所具有的区域特有的水力条件限制了经验公式的推广移用。而半理论法公式具有一定的物理基础，可移用性强于经验公式。

由于目前尚无任何一种普遍适用的水流挟沙力的计算方法，因此，许多学者对各种计算公式的适用性进行了大量分析研究。研究表明，Bagnold公式用长江、黄河的资料进行检验，其计算出的水流挟沙力显著偏小，必须用实测资料进行修正后才能用于实际应用[201]；舒安平[257]分别选择黄河上、中、下游干支流的窟野河、无定河、洛惠渠、潼关、大禹渡、花园口、孙口、艾山、利津等河段近300组实测资料，对张瑞瑾、沙玉清、曹如轩等公式进行了验证，结果表明，浓度增大后，上述公式偏差较大。陈雪峰等[258]收集、整理了180多组来自长江、黄河干流、无定河、渭河、辽河的大量实测资料，对上述公式进行了分析，认为上述公式均有一定的实用价值，但浓度变化较大时，常出现偏大或偏小的计算结果。也就是说，上述公式对于高含沙水流挟沙力的计算精度较差。

段红东等[259]、舒安平[218]以及张红武等[217]对张红武公式的验证结果都表明，该挟沙力公式在很大的含沙量范围内，计算结果与实际都比较符合，在不同河床条件下的适用性也很强，特别是对于高含沙水流挟沙力的计算，明显优于其他公式。

针对黄河中游地区，高含沙水流出现得较为频繁，水流挟沙力计算公式必须能够对高含沙水流的挟沙力进行较为精确的计算，而且水沙冲淤平衡条件下的实测水沙资料也不易获取，需要利用研究区域水沙冲淤平衡条件下的实测水沙资料对公式中的参数进行率定。因此，水流挟沙力计算公式选择的原则，一是能够进行高含沙水流挟沙力的计算，二是能够利用所能获得的资料进行参数的率定。

张红武公式能够较好地对高含沙水流挟沙力进行计算，而公式的建立也是以黄河流域为主要研究对象的，且计算所需的数据（含沙量、泥沙中值粒径、水流流速、水深）较为容易获取。因此，选择张红武公式作为本书中沟道水流挟沙力的计算公式。

对于坡面水流挟沙力的计算，因坡面细沟流水深远小于河流，很难用河流挟沙公式计算坡面流挟沙力。Govers和Rauws[260]研究了土壤切应力和单位水流功率对挟沙力的影响，结果表明用切应力和单位水流功率可以预测径流挟沙力。Govers通过对大量坡面径流的实测资料进行研究[261]，得出了坡面径流挟沙力的计算公式：

$$X_r = \frac{1}{22.284}\left(\frac{\tau_1 - \tau_0}{d^{0.33}}\right)^{2.457} \tag{10-28}$$

式中，X_γ为坡面径流挟沙能力，单位kg/m^3；τ_1为坡面水流切应力，单位kg/m^2；τ_0为坡面泥沙的临界启动切应力，单位kg/m^2。

白清俊[159]、姚文艺等[4]在各自的研究中将Govers公式应用于坡面土壤侵蚀的计算，取得了较好的模拟效果。因此，本书采用Govers公式计算坡面的水流挟沙力。

10.3.3 侵蚀产沙模型

本书的侵蚀产沙模型包括坡面细沟间降雨溅蚀侵蚀、坡面细沟径流侵蚀、沟道径流侵蚀和沟道重力侵蚀4个侵蚀过程的模拟计算。

对于坡面侵蚀，一般在没有细沟的区域和细沟产生的细沟间，土壤侵蚀以片流侵蚀的方式发生，或称细沟间侵蚀片流侵蚀，这种侵蚀是指沿坡面运动的薄层水流对坡面土壤的分散和输移过程。目前大多数学者认为片流侵蚀的主要根源是雨滴对土壤的分离，片蚀过程中的水流对土壤的分离能力被认为可以忽略[262]，土粒的输运由雨滴和水流共同进行，且片流是沟间泥沙输移的主要动力[263]。坡面细沟是坡面水流汇集的区域，细沟流的水深阻碍了雨滴对土壤的打击作用。因此，对于坡面的细沟间侵蚀只考虑降雨溅蚀，而坡面的细沟侵蚀只考虑细沟水流的冲蚀。

1. 降雨溅蚀

溅蚀是降落雨滴打击土面所造成的分散土粒以击溅跃移形式搬运的侵蚀方式，也是坡地侵蚀过程中极为普遍的一种侵蚀方式，它是土壤侵蚀过程的重要组成部分。目前对于降雨溅蚀的模拟主要采用通过分析溅蚀量与降雨特性间的关系，建立经验公式进行溅蚀量的估算。

建立经验公式的途径一般有两种：一是在室内采用溅蚀盘，或在室外采用溅蚀板，直接观测记录雨滴打击地面引起地表物质迁移及相关的侵蚀过程，结合降雨动能、降雨强度等建立降雨特性与溅蚀量的关系公式；二是通过建立试验小区来建立研究条件下降雨特性与溅蚀量的关系。

此外，也有通过对降雨过程中土壤的受力进行分析，建立具有一定物理基础的估算模型。如有研究者认为，可以把土粒与雨滴间的碰撞看作两个弹性体的碰撞，用牛顿第二定律导出雨滴侵蚀力，在假定溅蚀率与侵力呈线性关系的基础上，得到雨滴溅蚀率的计算公式[172]。

由于在建立物理基础模型时需要利用风速、雨滴直径、落地终速等计算单个雨滴的动能，并根据降雨强度推算雨滴的密度，由于观测资料的不易获得性和降雨过程的复杂性，致使该类模型最终无法摆脱经验公式的影子。此类模型虽然来源于物理规律，但由于所需资料要求较高，在实际应用中与经验公式相比并未表现出优势。因此，本书的降雨溅蚀采用适合研究区的经验公式进行计算。

对于土壤性质基本一致的流域，影响降雨溅蚀的主要因素为降雨动能、地表坡度。据此，本书在众多降雨溅蚀计算模型中，选取适合黄土地区，且综合考虑降雨特性及坡度影响的模型——吴普特模型作为溅蚀的计算模型。吴普特[264]利用选自陕北安塞茶坊实验场的坡耕地表层土，对裸地降雨溅蚀进行研究，发现裸地溅蚀量是降雨动能、降雨强度及地面坡度的函数，并得到溅蚀量计算模型：

$$D_1 = 5.985(EI)^{0.544}\beta^{0.0471} \tag{10-29}$$

式中，D_1 为雨滴击溅侵蚀量，单位 g/m^2；E 为雨滴动能，单位 J/m^2；I 为雨强，单位 mm/min；β 为栅格单元地表坡度，单位°。

对于上式中降雨动能 E 的计算，采用江善忠[265]建立的适用于黄土高原丘陵沟壑区的公式：

$$E_W = 29.64I^{0.29} \tag{10-30}$$

式中，E_W 为单位降雨动能，单位 $J/m^2 \cdot mm$；I 为雨强，单位 mm/min。

由于上式所计算的降雨动能是雨滴直接打击地表的能量，对于有植被覆盖的地面，其有效的降雨动能会由于植被的影响而减小，因此，在计算实际引起溅蚀的降雨动能时，应引入植被覆盖影响因子。降雨单位有效动能公式为：

$$E_U = CE_W \tag{10-31}$$

式中，C 为植被对降雨动能影响因子。

根据研究[266]，黄土高原乔木层的林冠截留作用削减的降雨动能占降雨总动能的 17%～40%，取其中值为 28.5%。灌木草本层对降雨动能的削减也可以分为两部分：一为截留降雨所减少的降雨动能，其数量可按截留率计算，为大气降雨量的 2.0%～15.0%，平均为 5.6%。二为透过该层滴入地表土壤的部分，与乔木层不同，由于降落高度大大降低，动能被削弱，这部分可按该层的覆盖率计算。黄土高原森林植被灌木草本层的覆盖率为 20%～80%，以平均 50%计，则共有 50%的降雨动能被灌木草本层削减。对于黄土高原植被覆盖区域，以乔木和灌木草本层各占 50%计，则植被对降雨动能的消减影比例为 64.25%。因此，植被对降雨动能的消减影响因子 C_X 确定为 0.64，裸地的 C_X 为 0。对于被植被覆盖的地表，单位降雨有效动能的计算采用下式：

$$E_{U1} = CE_W = (1 - C_X)E_W \tag{10-32}$$

裸地的单位降雨有效动能：

$$E_{U2} = E_W \tag{10-33}$$

因此，对于整个植被覆盖为 C_V（%）的单位地表面积的单位降雨有效动能为：

$$E_U = C_V E_{U1} + (1 - C_V)E_{U2} = E_W(1 - 0.64C_V) \tag{10-34}$$

式(10-34)中的降雨动能 E 的计算公式为：

$$E=PE_U=29.64PI^{0.29}(1-0.64C_V) \tag{10-35}$$

式中，P 为降雨量，单位 mm。于是降雨溅蚀的计算公式为：

$$D_S=0.038P^{0.554}I^{0.702}(1-0.64C_V)^{0.554}\beta^{0.471} \tag{10-36}$$

式中，D_S 为降雨溅蚀量，单位 kg/m^2；I 为雨强，单位 mm/min；P 为降雨量，单位 mm；C_V 为植被覆盖度，单位%。

由于吴普特的溅蚀试验是在 $0.4m^2$ 的溅蚀板上进行的，因此，在应用吴普特溅蚀模型时，应考虑由于计算单元尺度坡度与实际坡度不同而引起的溅蚀量失真。根据研究，随着 DEM 分辨率的变大，流域平均坡度呈减小趋势，其坡度坦化程度与 DEM 分辨率有关[267]。为此，应在降雨溅蚀模型中加入坡度校正系数，以尽可能减少由于尺度变化对侵蚀产沙量的影响。最终所采用的降雨溅蚀模型为：

$$D_S=0.038P^{0.554}I^{0.702}(1-0.64C_V)^{0.554}(s\beta)^{0.471} \tag{10-37}$$

式中，s 为坡度校正系数。

溅蚀量不仅与降雨、坡度有关，还与产生溅蚀的面积有关。细沟间的面积根据“过水通道宽度曲线”进行确定，坡面及沟道单元过水通道宽度以外的面积均为产生溅蚀的面积。根据“过水通道宽度曲线”，对于源头坡面单元，其汇流宽度为单元宽度，随着集水面积的增加，汇流宽度逐渐减小，即细沟间面积逐渐增加，而细沟变窄。当集水面积达到确定数字河道(沟道)的阈值时，汇流宽度最小，即细沟间的面积最大，坡面细沟最窄。在细沟间始终进行降雨溅蚀的计算，而对于细沟，是根据细沟中的平均径流深划分的。当细沟水深小于等于 6mm 时，在进行细沟侵蚀计算的同时，也根据溅蚀公式进行溅蚀的计算，记为 D_{SBP}，其溅蚀泥沙全部作为细沟的产沙；当细沟水深大于 6mm 时，只进行细沟侵蚀计算。对于沟道单元，在过水通道宽度范围以内是沟道，其余部分为坡面，仍要根据溅蚀公式进行溅蚀的计算，记为 D_{SBG}，以一定的比例进入该沟道单元的沟道中。

2. 坡面径流冲蚀

地表径流对土壤的冲蚀分离作用是水力侵蚀重要的侵蚀动力，对于地表土粒受径流冲刷的作用过程多用水力学原理进行分析。目前各侵蚀预报模型中较常采用水流剪切力、水流功率、单位水流功率等水动力参数描述土壤分离，本文采用水流有效剪切力来描述坡面土壤的侵蚀。

假定坡面土壤是一层一层被水流冲蚀搬运，则地表单位面积上泥沙的受力情况如图 10-7 所示。

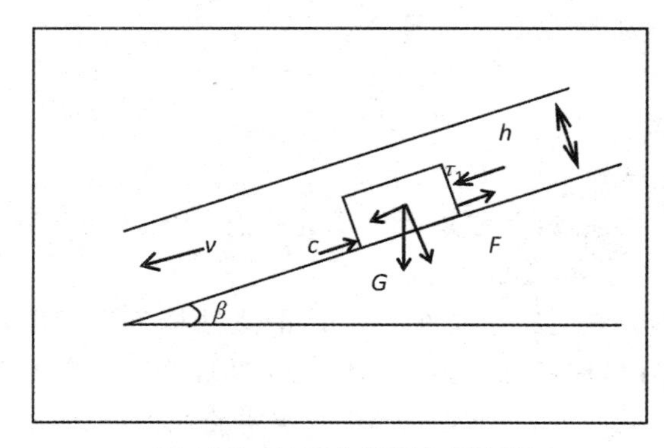

图 10-7　坡面土壤受力示意图

表层泥沙受到坡面水流向坡向的拖泄力：

$$\tau_1 = \gamma h J \tag{10-38}$$

泥沙本身重力沿坡向的分力：

$$G_v = (\gamma_s - \gamma) d\sin\beta \tag{10-39}$$

泥沙与地表的摩擦阻力：

$$F = f(\gamma_s - \gamma) d\cos\beta \tag{10-40}$$

式中，γ_s 为泥沙密实干容重，单位 kg/m³；γ 为水容重，单位 kg/m³；h 为水力半径，用坡面水深代替，单位 m；J 为能坡，用坡面比降代替，tgβ；d 为泥沙中值粒径，单位 mm；f 为摩擦系数。

泥沙之间的黏结力计为 C，则坡面泥沙所受的合力为：

$$\tau = \tau_1 + G_v - F - C = \gamma h J + (\gamma_s - \gamma) d\sin\beta - f(\gamma_s - \gamma) d\cos\beta - C \tag{10-41}$$

令 $\tau_0 = F + C - G_v = f(\gamma_s - \gamma) d\cos\beta + C - (\gamma_s - \gamma) d\sin\beta$，则 τ_0 可视为坡面泥沙的临界启动切应力。坡面壤所受的有效切应力为：

$$\tau = \tau_1 - \tau_0 \tag{10-42}$$

在以往的坡面泥沙受力分析中，忽略土壤黏结力[268]，而将土壤临界启动切应力表示为土粒在坡面的摩擦力 F，这样可使产沙计算更为简便，但在计算水流有效切应力时会有一定误差。因此，对于土壤临界切应力的计算中应考虑土壤黏结力，且目前对土壤临界切应力的实验研究已取得了很多成果[269,270,271]，在产沙计算中可以根据不同的土壤类型选择实验成果加以应用。本书的坡面泥沙临界启动切应力计算采用姚文艺[4]等根据泥沙颗粒在坡面上的受力情况推导的，且成功应用于岔巴沟的土壤侵蚀模拟公式。公式为：

$$\tau_0 = \frac{1}{77.44}\left[3.61(\gamma_s - \gamma) d\cos\beta + \frac{C}{d}\right] \tag{10-43}$$

式中，C为具有量纲的系数，$C=0.00029\mathrm{g/cm}$。

单元坡面产生的径流具有一定的泥沙输移能力，首先输移由降雨溅蚀产生的泥沙。如坡面细沟径流挟沙能力小于或等于溅蚀量，则坡面细沟不产生径流侵蚀，径流的泥沙输移量等于细沟水流挟沙能力；当坡面细沟水流挟沙能力大于溅蚀量时，径流的剩余能力对坡面产生细沟侵蚀。

第i单元坡面出口断面的水流挟沙能力采用Govers[222]提出的坡面径流挟沙能力公式，则第i个单元坡面出口断面第j计算时段内的细沟水流最大可挟沙量为：

$$X_{Rj}^{i}=\int_{0}^{t}Q_{Rj}^{i}X_{rj}^{i}\mathrm{d}t \tag{10-44}$$

式中，X_{Rj}^{i}为j计算时段内i坡面单元的细沟水流最大可挟沙量，单位kg；Q_{Rj}^{i}为j时段通过i坡面单元出口断面的平均流量，单位$\mathrm{m^3/s}$，由产汇流模型计算得到。

第i坡面单元开始产流后，第j个计算时段的细沟径流侵蚀量为：

$$D_{Rj}^{i}=0,X_{Rj}^{i}\leqslant(K_S D_{Sj}^{i}+S_{Rj}^{i}+D_{SBPj}^{i})\text{ 时}$$

$$D_{Rj}^{i}=K_r(X_{Rj}^{i}-K_S D_{Sj}^{i}-S_{Rj}^{i}-D_{SBPj}^{i})$$

$$X_{Rj}^{i}>(K_S D_{Sj}^{i}+S_{Rj}^{i}+D_{SBPj}^{i})$$

式中，D_{Rj}^{i}为i坡面单元第j个计算时段内的细沟径流侵蚀量，单位kg；D_{Sj}^{i}为第j个计算时段，i单元的细沟间溅蚀量，单位kg；K_r为坡面细沟水流侵蚀系数；K_S为通过雨滴的击溅及薄层水流的搬用作用，将细沟间由溅蚀产生的泥沙输入细沟的比例；D_{SBPj}^{i}为第j个计算时段，i单元的细沟内可能产生的溅蚀量，单位kg；S_{Rj}^{i}为j时段内其他坡面单元汇入i坡面单元的泥沙量，单位kg，通过汇流计算得到的各不同单元坡面汇入i单元的流量及含沙量计算得到；$(K_S D_{Sj}^{i}+S_{Rj}^{i}+D_{SBPj}^{i})$可视为单元在计算时段初的可供沙量，则$(D_{Rj}^{i}+K_S D_{Sj}^{i}+S_{Rj}^{i}+D_{SBPj}^{i})$为计算时段末的可供沙量。

即当$X_{Rj}^{i}<(K_S D_{Sj}^{i}+S_{Rj}^{i}+D_{SBPj}^{i})$时，坡面细沟产生淤积，当$X_{Rj}^{i}=(K_S D_{Sj}^{i}+S_{Rj}^{i}+D_{SBPj}^{i})$时，坡面不产生新的细沟侵蚀，也没有泥沙淤积；当$X_{Rj}^{i}>(K_S D_{Sj}^{i}+S_{Rj}^{i}+D_{SBPj}^{i})$时，坡面细沟有径流侵蚀发生。

3. 沟道土壤侵蚀

沟道水流挟沙力的计算用张红武公式，沟道断面平均流速由汇流计算得到，泥沙沉速根据泥沙中值粒径从泥沙手册[212]查得，水力半径根据汇流计算得到，流量结合沟道形状计算得到。

则i单元沟道出口断面j计算时段内的水流最大可挟沙量为：

$$X_{Gj}^{i} = \int_{0}^{t} Q_{Gj}^{i} X_{gj}^{i} \mathrm{d}t \tag{10-45}$$

式中，X_{Gj}^{i}为j计算时段内i沟道单元水流最大可挟沙量，单位为kg；Q_{Gj}^{i}为沟道出口断面的流量，单位为m^3/s；X_{gj}^{i}为j计算时段内i沟道单元水流挟沙力，单位为kg/m^3。

当沟道单元的水流最大可挟沙量小于等于初始可供沙量时，沟道单元不产生径流冲刷侵蚀；当沟道单元的水流最大可挟沙量大于初始可供沙量时，沟道的全部水流挟沙力中，有一部分用于搬运上游沟道河坡面汇流进入本单元沟道的泥沙，以及本单元坡面部分溅蚀泥沙进入沟道的泥沙，另一部分作用于沟道的侵蚀。因此，沟道水流侵蚀量可看作沟道剩余水流挟沙量，即沟道水流最大可挟沙量与可供沙量之差的函数：

$$D_{Gj}^{i} = K_g (X_{Gj}^{i} - S_{Gj}^{i}) \tag{10-46}$$

式中，D_{Gj}^{i}为第j个计算时段i单元沟道的水流侵蚀量，单位为kg；X_{Gj}^{i}为第j个计算时段i单元沟道水流最大可挟沙量，单位为kg；K_g为沟道水流侵蚀系数；S_{Gj}^{i}为第j计算时段i单元沟道初始可供沙量，单位为kg，其值等于坡面和上游沟道单元汇入本单元沟道的泥沙总量与本单元坡面溅蚀泥沙进入沟道的泥沙量的($K_S D_{SBGj}^{i}$)和。

4. 沟坡重力侵蚀

重力侵蚀是黄土丘陵沟壑区的重要泥沙来源，主要集中于冲沟干沟发育阶段，除泻溜外，以崩塌、滑塌最为频繁，大多是水流掏蚀型和地表水诱发型，水流侧蚀型和节理发育型也占一定的比例，基本发育在陡峭的沟壁[272,273]。泻溜发生的坡度范围较宽，而崩塌多产生于55°以上陡坡，是由沟底下切、冲刷坡脚造成土体失稳而导致的[274]。

重力侵蚀的发生有很大的随机性，时空变化很大，目前还做不到直接预测崩塌、滑塌等的发生。但是对于流域来说，每次降雨时，重力侵蚀的侵蚀产沙也有相应的规律可循[104]。

由于重力侵蚀的发生是在其内部影响因素积累到一定程度后，在外部营力的作用下很短的时间内突然发生的，在时间上具有瞬时性；此外，在一定时段内重力侵蚀也不是在所有的沟道内都发生，在空间上具有不均匀性。因此，重力侵蚀与径流冲蚀过程完全不同。就目前对重力侵蚀的认识及现有的技术条件而言，在一次降雨侵蚀过程中对所有沟道单元的重力侵蚀进行从始至终的模拟还无法实现。根据重力侵蚀发生的机理，本书对重力侵蚀的模拟采用以下方法。

1)将影响重力侵蚀的内部因子(该因子只用于各单元之间比较，具体数值大小不代表对侵蚀影响的大小)进行量化,计算出各沟道单元的重力侵蚀内部影响因子的和,按照影响因子的大小对所有沟道单元进行排序,排序在前的单元发生重力侵蚀的可能性较大,但并不是一定发生重力侵蚀,需要根据其他条件综合确定。

2)量化导致重力侵蚀发生的外部因素,将外部因素作为沟道单元是否发生重力侵蚀的条件因子。

3)通过模型率定出重力侵蚀发生的平均单元数量,将此作为每次洪水过程中,计算时段内发生重力侵蚀的沟道单元总数。

4)综合重力侵蚀发生的内部因子与外部因子,计算出各沟道单元发生重力侵蚀的判断因子,将所有沟道单元按照判断因子大小排队,认为序号小于等于重力侵蚀发生单元总数的沟道单元在计算时段内会发生重力侵蚀。

5)对于发生重力侵蚀的沟道单元,不再进行时段内的沟道径流侵蚀计算,只计算径流最大可挟沙量,认为重力侵蚀量将大于径流最大可挟沙量,并将径流最大可挟沙量作为输出沟道单元的泥沙量。

10.3.4　泥沙输移计算

1.过境泥沙的处理

过境泥沙对于单元的土壤侵蚀和泥沙输移有着重要影响[275,276],但由于泥沙过境是一个十分复杂的动力学过程,只有对过境泥沙进行适当的概化,才能实现土壤侵蚀的逐网格分布式描述。

首先假定单元栅格在向下游汇集时计算时段内输出的含沙水流恒定,泥沙输移的速度与水流汇集速度相同。过境泥沙的概化方法与相关文献中[150]对过境水流的概化方法相同,具体方法如下。

j 时刻单元 i 的自身产沙的输出量(记作 S_j^i)流到下一单元 $i+1$ 后有一个滞时(记作 t_j),从时间上把 S_j^i 分为两个部分:一部分叠加在 $i+1$ 单元 j 时刻的后面(记作 S_j^{ti}),另一部分叠加在 $i+1$ 单元 $j+1$ 时刻的前面(记作 S_j^{ti+1})。对于 $i+1$ 单元,它的来沙包括 i 单元自身的泥沙输出量和 i 单元的过境沙量。

在 $i+1$ 单元上,j 时段上游来沙 S_j^{ti} 的时间范围是 $j-\frac{1}{2}+t_j \sim j+\frac{1}{2}$。对选定的计算时段,可以把 S_j^{ti} 平均分摊到时段 $j-\frac{1}{2}\sim j+\frac{1}{2}$上,得到$\overline{S}_j^i$。$\overline{S}_j^i$ 与 $i+1$ 单元自身泥沙输出 S_{j+1}^i 的时间一致,二者可以合并考虑。

$i+1$ 单元 $j+1$ 时段的上游来沙 S_{j+1}^{ii} 的时间范围是 $j+\frac{1}{2}\sim j+\frac{1}{2}+t_j$，同理将其在时段 $j+\frac{1}{2}\sim j+\frac{3}{2}$ 上平均分摊可得到 $\overline{S}_{j+1}^{i}$，$\overline{S}_{j+1}^{i}$ 可以合并到 $i+1$ 单元 $j+1$ 时段的自身泥沙输出 S_{j+1}^{i+1} 中去。

概化后 $i+1$ 单元只有一个泥沙输出项进入到 $i+2$ 单元中去，该泥沙输出项包括了 $i+1$ 单元的自身泥沙输出量和过境沙量。

2. 坡面泥沙输移

坡面单元细沟间由降雨溅蚀产生的泥沙在雨滴的击溅和细沟间薄层水流的共同作用下被输送进入坡面单元内的细沟，通过细沟流的输移输出坡面单元。但雨滴的击溅作用和细沟间薄层水流输沙能力不足以将细沟间产生的全部泥沙送入细沟，实际进入细沟的细沟间溅蚀泥沙应是细沟间产沙的一部分。因此，进入细沟的细沟间溅蚀泥沙用下式进行估算：

$$(D_{Sj}^{i})'=K_S D_{Sj}^{i} \tag{10-47}$$

式中，D_{Sj}^{i} 为坡面单元的细沟间溅蚀产沙量，由溅蚀模型计算得到；K_S 为小于等于 1 的数，是细沟间溅蚀产沙进入细沟的比例，需要通过率定确定。当 K_S 小于 1 时，有部分泥沙沉积在坡面的细沟间。

坡面单元细沟流的径流最大可挟沙量等于由本单元细沟间侵蚀进入细沟的泥沙量($K_S D_{Sj}^{i}$)与其他坡面单元在 j 时段进入本单元的沙量 S_{Rj}^{i}，以及本单元细沟内有可能产生的溅蚀泥沙量 D_{SBPj}^{i} 的总和时，坡面单元内的细沟不冲不淤，输出坡面单元的沙量等于($K_S D_{Sj}^{i}+S_{Rj}^{i}+D_{SBPj}^{i}$)，出口断面的平均含沙量为：

$$L_{Rj}^{i}=(K_S D_{Sj}^{i}+S_{Rj}^{i}+D_{SBPj}^{i})/Q_{Rj}^{i} \tag{10-48}$$

当细沟流最大可挟沙量小于($K_S D_{Sj}^{i}+S_{Rj}^{i}+D_{SBPj}^{i}$)时，单元坡面不发生细沟侵蚀，并产生淤积，输出该单元的泥沙量等于坡面径流最大可挟沙量 X_{Rj}^{i}。淤积量为：

$$Y_{Rj}^{i}=(K_S D_{Sj}^{i}+S_{Rj}^{i}+D_{SBPj}^{i})-X_{Rj}^{i} \tag{10-49}$$

式中，X_{Rj}^{i} 为第 j 个计算时段，第 i 坡面单元的水流最大可挟沙量，单位 kg。

此时，第 j 个计算时段内第 i 坡面单元出口断面的平均含沙量为：

$$L_{Rj}^{i}=X_{Rj}^{i}/Q_{Rj}^{i} \tag{10-50}$$

当坡面径流最大可挟沙量大于($K_S D_{Sj}^{i}+S_{Rj}^{i}+D_{SBPj}^{i}$)时，坡面单元产生细沟径流侵蚀，单元出口断面的平均含沙量为：

$$L_{Rj}^{i}=(D_{Rj}^{i}+K_S D_{Sj}^{i}+S_{Rj}^{i}+D_{SBPj}^{i})/Q_{Rj}^{i} \tag{10-51}$$

3. 沟道泥沙输移

对于没有重力侵蚀的沟道单元，当最大可挟沙量小于等于初始可供沙量，即 $X_{Gj}^{i} \leqslant S_{Gj}^{i}$ 时，沟道不产生水流侵蚀，且淤积量为沟道初始可供沙量与最大可挟沙量之差，泥沙输出量为沟道最大可挟沙量。此时，沟道的淤积量为：

$$Y_{Gj}^{i} = S_{Gj}^{i} - X_{Gj}^{i} \tag{10-52}$$

沟道单元出口的平均含沙量为：

$$L_{Gj}^{i} = X_{Gj}^{i} / Q_{Gj}^{i} \tag{10-53}$$

当沟道最大可挟沙量大于沟道初始可供沙量，即 $X_{Gj}^{i} > S_{Gj}^{i}$ 时，根据式(10-52)计算沟道水流侵蚀量。因此，沟道单元时段末的可供沙量为：

$$S_{Mj}^{i} = S_{Gj}^{i} + D_{Gj}^{i} \tag{10-54}$$

此时，输出沟道单元的泥沙量等于时段末的可供沙量，沟道不产生淤积。沟道单元输出的含沙量为：

$$L_{Gj}^{i} = S_{Mj}^{i} / Q_{Gj}^{i} \tag{10-55}$$

当沟道单元有重力侵蚀发生时，由于无法确定重力侵蚀的具体量值，只能认为只要有重力侵蚀发生，其产生的泥沙量一定大于单元的水流最大可挟沙量。因此，对于有重力侵蚀发生的沟道单元，其泥沙输出量按照水流最大可挟沙量计算。

10.3.5　水沙模型耦合

分布式的土壤侵蚀模拟需要以分布式产汇流模型为基础进行。在以往的土壤侵蚀模拟计算中，较多的是将产汇流模型与产沙模拟相结合，首先计算流域中每个单元的产流量，然后利用网格出口的汇流模型，逐个计算流域上每个单元与出口之间的滞时，把所有单元的产流在出口处叠加形成流量过程线，再坦化计算后得到汇流结果[150]。由于流域出口的流量过程是由各个单元在出口处叠加形成的，因此，在计算出各单元的侵蚀产沙量后，泥沙在流域出口的汇集过程也只能是将各单元的土壤侵蚀量错开若干个传播时段迭加求得[277]。上述方法的汇流汇沙计算比较简单、容易实现，但使用该方法进行土壤侵蚀过程的模拟具有以下明显缺陷：汇流过程没有考虑过境水流对单元水流的影响，因而也无法考虑上方来水对单元土壤侵蚀的影响；泥沙在流域出口的汇集过程由各单元的土壤侵蚀量迭加求得，也使得过境泥沙对单元侵蚀的影响无法进行模拟，使土壤侵蚀量的计算产生一定的误差；另外，各单元的土壤侵蚀量在流域出口进行叠加，必须以全流域的泥沙输移比为1的假设为条件,这在很小的流域尚可成立,而对于较大一些的流域,这种假设是很难成立的。

为避免前述模拟方法带来的误差,首先建立了一个能够进行逐网格汇流的产汇流模型,使得考虑上方来水对单元侵蚀的影响成为可能;在此基础上提出了逐网格汇沙的侵蚀模拟计算方法,考虑了上方来沙对侵蚀的影响。对于进行逐网格汇沙计算的土壤侵蚀模拟来说,将产汇流模型和产汇沙模型进行合理耦合,就显得十分重要。

研究中水沙模型的耦合主要包括以下几个方面:

1)共享同一信息源。基于DEM提取的流域信息由产汇流模型和产汇沙模型共享。此外,降雨强度、降雨量等降雨信息为产流和降雨溅蚀计算共同提供输入。

2)产输沙与产汇流耦合。单元栅格的汇流宽度由"过水通道宽度曲线"确定,而进行侵蚀产沙计算的坡面细沟间面积、细沟面积、沟道栅格单元除沟道以外的坡面面积也通过"过水通道宽度曲线"确定;径流侵蚀产沙所需的径流变化由产汇流模型提供;由于采用逐网格汇流汇沙的计算方法,上方来水来沙与单元栅格产生的径流共同提供了侵蚀产沙的计算条件,而泥沙的输移计算也依赖于产汇流模型提供的汇流条件。

3)重力侵蚀与产汇流和产汇沙的耦合。重力侵蚀的计算除受沟道形态影响外,主要由单元沟道边坡的土壤含水量、径流侵蚀速率确定,而土壤含水量是由产汇流模型在产流计算时得到的,径流侵蚀速率又依赖于汇入单元沟道的径流和泥沙。

10.3.6 模型验证

选择小理河流域1967～1996年有同步实测水沙资料的16场洪水进行产输沙模型的率定及验证。16场洪水洪号分别为:670717、670826、670829、670831、700827、820708、850614、850619、920804、920828、930820、940804、950605、950713、950902、960616。

选取16场洪水中的前10场洪水,即670717、670826、670829、670831、700827、820708、850614、850619、920804、920828号洪水进行参数率定,产输沙模型率定结果如表10-4所示,实测与模拟的输沙过程对比如图10-8至图10-17所示。

表 10-4　产输沙模型率定结果

编号	洪号	实测沙峰(t/s)	计算沙峰(t/s)	相对误差(%)	峰现时差(h)	相关系数	实测沙量(10^4t/s)	计算沙量(10^4t/s)	相对误差(%)
1	670717	300.5	273.1	−9.1	−0.5	0.772	325.2	314.3	−3.4
2	670826	197.5	208.9	5.7	0	0.813	241.3	141.1	−4.2
3	670829	116.7	132.8	13.8	0	0.805	146.1	100.9	−30.9
4	670831	121.2	147.1	21.3	−0.5	0.715	203.7	224.7	10.3
5	700827	209.9	215.2	2.5	1.0	0.596	287.5	167.4	−41.8
6	820708	57.1	74.4	30.3	0.5	0.638	63.6	110.8	74.3
7	850614	22.5	24.2	7.7	0	0.929	23.7	29.0	22.7
8	850619	23.9	31.4	31.2	0.5	0.866	27.8	37.7	35.4
9	920804	55.5	91.3	64.5	0.5	0.657	100.5	158.4	57.6
10	920828	35.7	49.8	39.6	0	0.900	58.9	59.8	14.7
绝对值平均误差%				22.6				29.5	

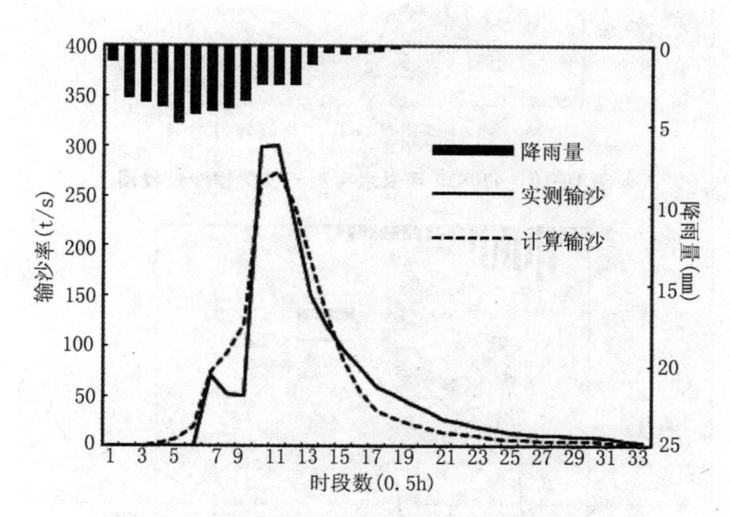

图 10-8　670717 场洪水实测与模拟输沙过程图

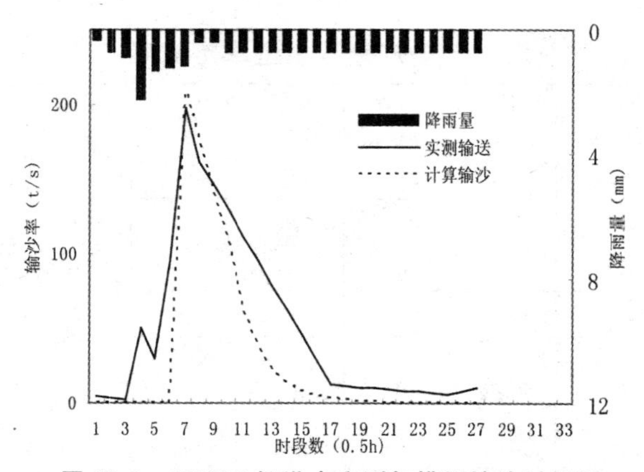

图 10-9　670826 场洪水实测与模拟输沙过程图

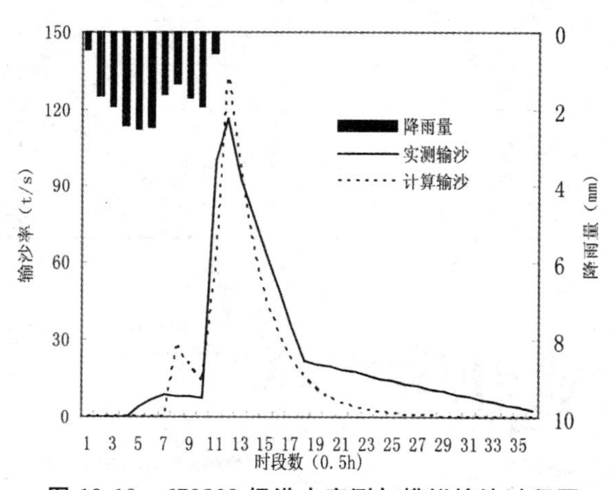

图 10-10　670829 场洪水实测与模拟输沙过程图

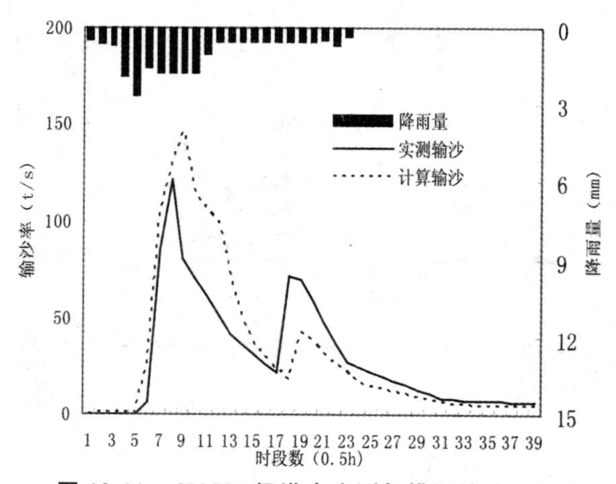

图 10-11　670831 场洪水实测与模拟输沙过程图

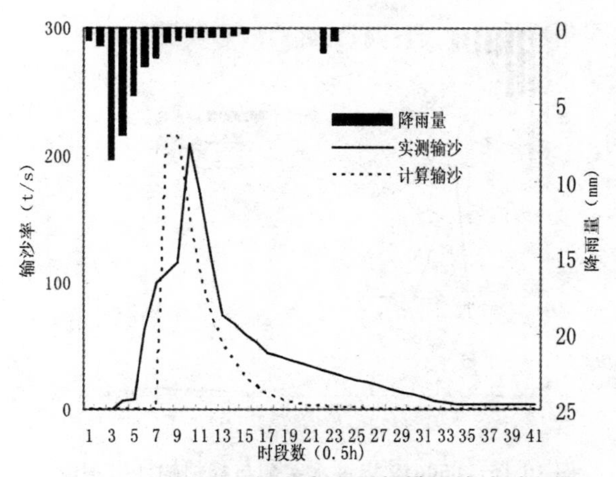

图 10-12　700827 场洪水实测与模拟输沙过程图

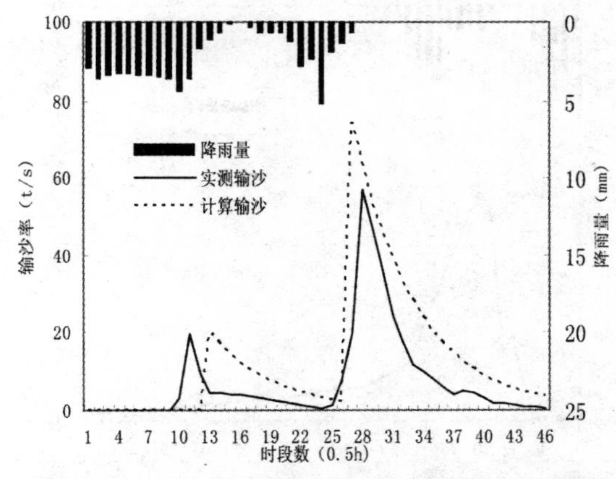

图 10-13　820708 场洪水实测与模拟输沙过程图

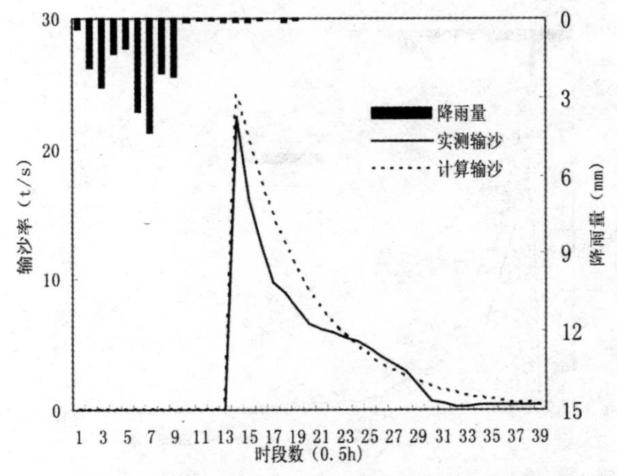

图 10-14　850614 场洪水实测与模拟输沙过程图

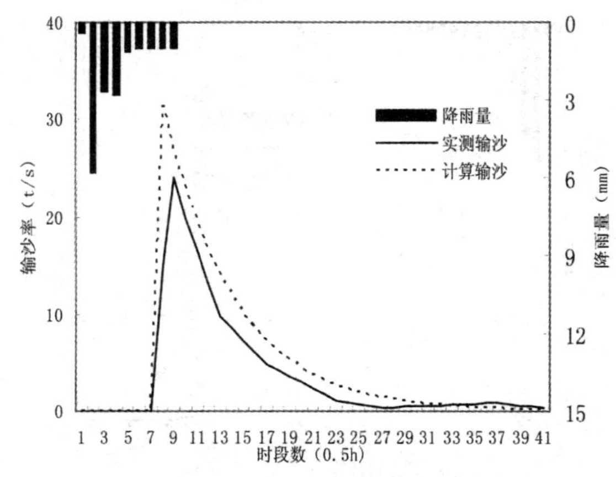

图 10-15　850619 场洪水实测与模拟输沙过程图

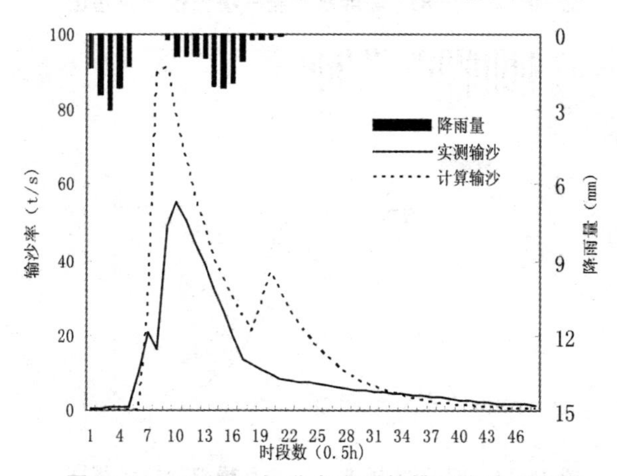

图 10-16　920804 场洪水实测与模拟输沙过程图

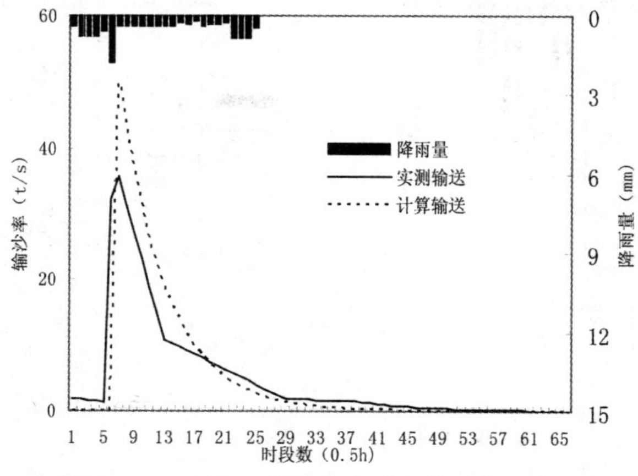

图 10-17　920828 场洪水实测与模拟输沙过程图

选取16场洪水中的后6场洪水，即930820、940804、950605、950713、950902、960616号洪水对产输沙模型进行验证，验证结果如表10-5所示，实测与模拟的产输沙过程对比如图10-18至图10-23所示。

表10-5 产输沙模型验证结果

编号	洪号	实测沙峰(t/s)	计算沙峰(t/s)	相对误差(%)	峰现时差(h)	相关系数	实测沙量(10^4t/s)	计算沙量(10^4t/s)	相对误差(%)
1	930820	35.7	65.3	82.8	2.0	0.156	51.9	95.2	83.5
2	940804	309.1	444.2	43.7	0.5	0.730	692.2	1025.6	48.2
3	950605	65.6	61.2	6.6	0.5	0.717	103.7	73.5	−29.1
4	950713	37.7	59.2	56.8	0	0.524	28.4	71.0	150.1
5	950902	395.7	345.2	−12.8	−0.5	0.831	338.6	338.7	0.04
6	960616	132.1	122.9	−6.9	−0.5	0.878	144.9	189.6	30.9
绝对值平均误差(%)		33.8					57.0		

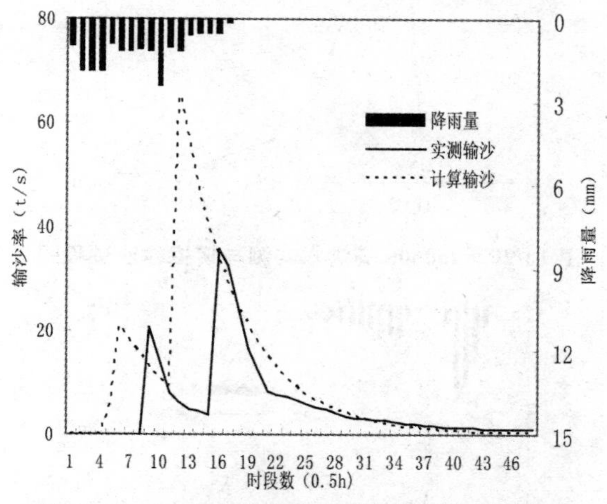

图10-18 930820场洪水实测与模拟输沙过程图

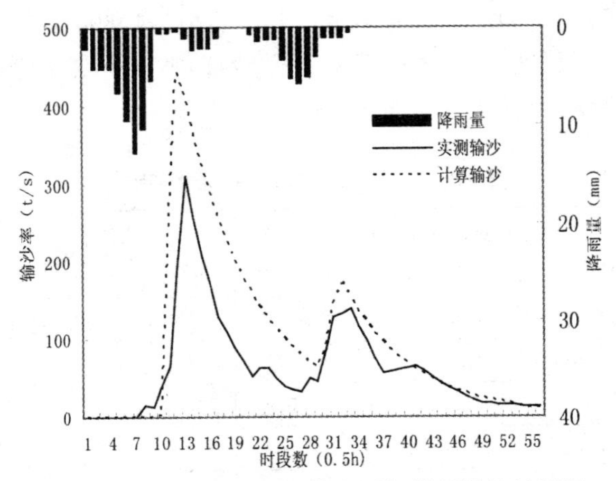

图 10-19　940804 场洪水实测与模拟输沙过程图

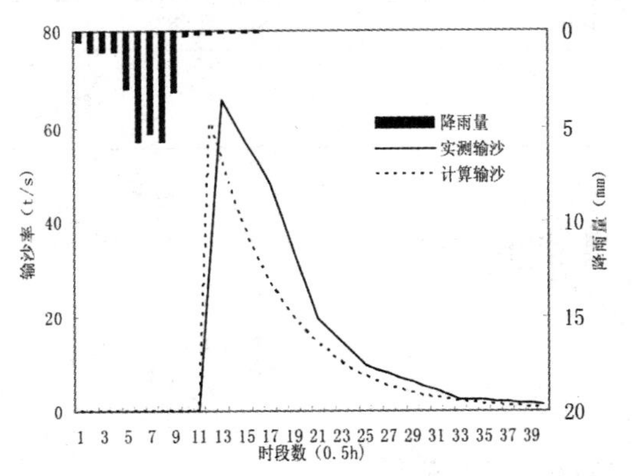

图 10-20　950605 场洪水实测与模拟输沙过程图

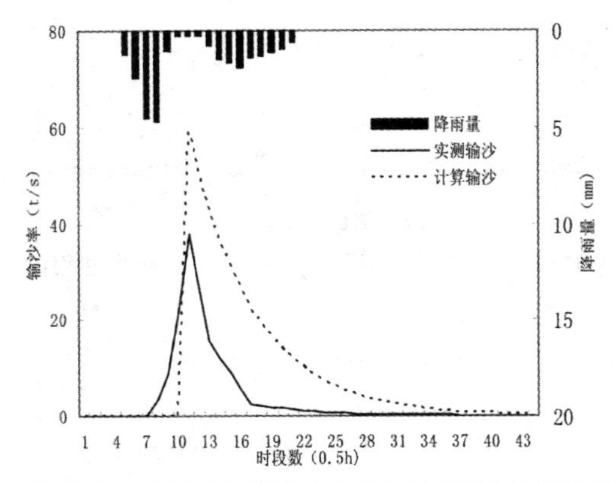

图 10-21　950713 场洪水实测与模拟输沙过程图

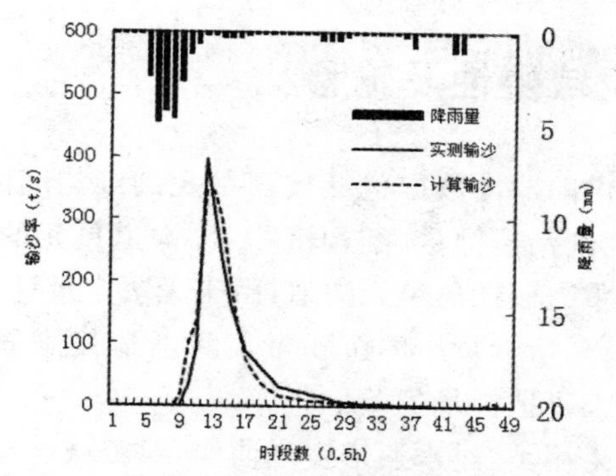

图 10-22　950902 场洪水实测与模拟输沙过程图

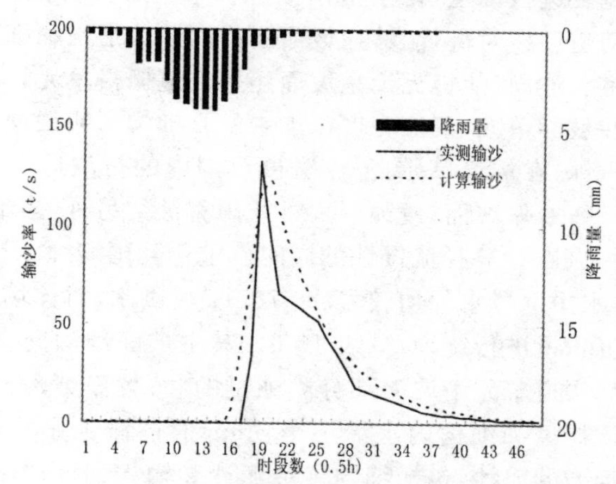

图 10-23　960616 场洪水实测与模拟输沙过程图

从验证的结果来看，模型所模拟的 6 场洪水的沙峰与实测沙峰的峰现时间有 1 场相差 2.0h，4 场相差 0.5h，另外 1 场无时差，峰值最大误差 82.8%，最小误差－6.6%，平均绝对误差为 33.8%；6 场洪水的计算输沙量与实测输沙量相比，除 950605 号洪水外均大于实测输沙量，最大误差为 150.1%，最小误差为 0.04%，平均绝对误差为 57.0%，输沙量的平均模拟精度低于沙峰的平均模拟精度。

10.4　分布式模拟成果

本书所建立的水沙耦合模型，由于在汇流和输沙计算中采用的都是逐网格计算的方式，使模型能够对水沙过程进行分布式输出，进而了解流域内不同地貌形态区的不同侵蚀过程。

10.4.1 流域侵蚀及输移比

模型所能够提供的输出数据包括坡面单元的细沟间降雨溅蚀量、细沟间泥沙沉积量、坡面细沟侵蚀量、细沟沉积量、沟道单元的沟道径流侵蚀量和沉积量。对于有重力侵蚀的单元沟道，由于无法定量计算重力侵蚀量，也不进行径流侵蚀计算，所计算出的沉积量实际上是其他单元进入本单元的泥沙量与本单元最大可挟沙量的差值。

水沙耦合模型采用了“过水通道宽度曲线”对流域所有栅格的坡面细沟和沟道的汇流宽度进行确定，在模型模拟过程中不必再将流域栅格作为单一坡面和单一河道栅格对待，能够在坡面栅格内区分细沟和细沟间，在沟道栅格内区分沟道和坡面，使得无论是坡面还是沟道栅格单元，其侵蚀都不是单一的形式。在坡面单元，汇流宽度范围内的是细沟水流侵蚀，汇流宽度范围以外是降雨溅蚀；在沟道单元，汇流宽度范围内的是沟道水流侵蚀，汇流宽度范围以外一律看作坡面，侵蚀形式是降雨溅蚀。另外，当细沟的平均水深小于 6mm 时，则在计算径流侵蚀的同时也进行降雨溅蚀的计算。

在 16 场洪水中选择水沙均较大的 670717 场洪水，对该场洪水的坡面、沟道的侵蚀和沉积量进行统计，见表 10-6。其中坡面细沟间侵蚀为坡面单元细沟间溅蚀与沟道单元中坡面部分溅蚀量的和；坡面细沟侵蚀包括坡面单元内细沟水流侵蚀和细沟内水深小于 6mm 时的溅蚀产沙量，沉积量指沉积在坡面细沟内的泥沙，包括细沟侵蚀泥沙和输入细沟的细沟间侵蚀泥沙在细沟内的沉积；沟道的侵蚀量只是沟道径流侵蚀量，不包括重力侵蚀的量，沉积量为所有进入沟道的泥沙和沟道自身产沙在沟道内的沉积。

表 10-6　670717 场洪水侵蚀产沙及沉积量统计(单位:万 t)

坡面细沟间			坡面细沟			沟道			全流域		
侵蚀量	沉积量	输出量	侵蚀量	沉积量	输出量	侵蚀量	沉积量	输出量	侵蚀量	沉积量	输出量
9.1	1.8	7.3	116.3	10.4	113.2	235.2	23.2	325.2	360.6	35.4	325.2

在 670717 场洪水中，坡面细沟间泥沙的输移比为 0.800，坡面细沟的输移比为 0.973，沟道的输移比为 1.383，全流域的泥沙输移比为 0.902。

10.4.2 产汇流中间过程

对 670717 场洪水的 1967 年 7 月 17 日 16:00～16:30、18:00～18:30

和 20:00～20:30 共 3 个时段的降雨、土壤含水量、径流深、坡面出流、沟道出流的面分布见图 10-24 至图 10-38。

图 10-24　670717 场洪水 17 日 16:00 降雨分布图(mm)

图 10-25　670717 场洪水 17 日 18:00 降雨分布图(mm)

图 10-26　670717 场洪水 17 日 20:00 降雨分布图(mm)

图 10-27　670717 场洪水 17 日 16:00 土壤含水量分布图(mm)

图 10-28　670717 场洪水 17 日 18:00 土壤含水量分布图(mm)

图 10-29　670717 场洪水 17 日 20:00 土壤含水量分布图(mm)

图 10-30　670717 场洪水 17 日 16:00 径流深分布图(mm)

图 10-31　670717 场洪水 17 日 18:00 径流深分布图(mm)

图 10-32　670717 场洪水 17 日 20:00 径流深分布图(mm)

图 10-33　670717 场洪水 17 日 16:00 坡面出流分布图(m^3/30min)

图 10-34　670717 场洪水 17 日 18:00 坡面出流分布图(m^3/30min)

图 10-35　670717 场洪水 17 日 20:00 坡面出流分布图(m^3/30min)

图 10-36　670717 场洪水 17 日 16:00 沟道出流分布图(m^3/s)

图 10-37　670717 场洪水 17 日 18:00 沟道出流分布图(m^3/s)

图 10-38　670717 场洪水 17 日 20:00 沟道出流分布图(m^3/s)

10.4.3　溅蚀及其沉积分布

溅蚀量不仅与降雨、坡度有关，还与产生溅蚀的面积有关。溅蚀面积根据“过水通道宽度曲线”进行确定，坡面及沟道单元过水通道宽度以外的面积均为产生细沟间降雨溅蚀的面积。图 10-39 反映的是流域内全部栅格过水通道宽度以外面积所占的比例，也就是直接进行降雨溅蚀计算的单元栅格面积比例。

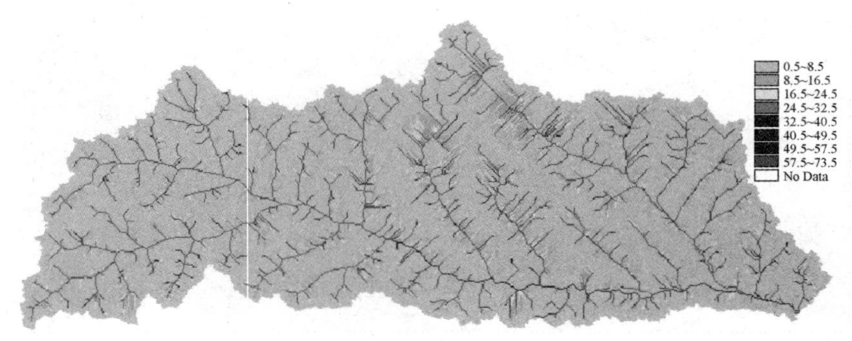

图 10-39　单元栅格过水通道外面积所占比例分布图(%)

由于根据“过水通道宽度曲线”确定细沟宽度，使位于“过水通道宽度曲线”起始位置的区域汇流宽度在坡面中是最大的，即细沟的宽度最大，细沟间面积最小，直接进行溅蚀计算的面积比例也就最小。但由于位于源头，坡面水流深度很小，当坡面细沟水深小于 3mm 时要进行溅蚀的计算，因此，这部分栅格的实际溅蚀量在整个流域中还是最大的。图 10-39 中比例尺为 0.5%～8.5%的区域即为这样的栅格。直接进行溅蚀计算面积比例最大的为等于数字水系(沟道)阈值的栅格。从数字沟道起点到流域出口，直接进行溅蚀计算的面积比例是逐渐减小的。

溅蚀量的计算采用的是经验公式，在计算时段固定为 30min 的情况下，公式中的降雨强度可转换为时段降雨量，而流域的植被覆盖度采用一个固定的平均值，因此，溅蚀公式可写为以下形式：

$$D_S=\xi P^{1.256}\beta^{0.471} \tag{10-56}$$

式中，$\xi=(0.038/30^{0.702})\times(1-C_V)^{0.554}\times s^{0.471}$，为一常数。

从上式可知，时段内单位面积上的溅蚀量是降雨量和坡度的函数，对降雨量的敏感程度高于坡度的敏感程度，这从 3 个时段溅蚀量面分布、降雨量面分布图也可有所反映。3 个时段溅蚀量的面分布见图 10-40 至图 10-42。

图 10-40　670717 场洪水 17 日 16:00 溅蚀量面分布图(kg)

图 10-41　670717 场洪水 17 日 18:00 溅蚀量面分布图(kg)

图 10-42　670717 场洪水 17 日 20:00 溅蚀量面分布图(kg)

10.4.4　细沟水流挟沙力分布

坡面细沟水流挟沙力是进行坡面细沟径流侵蚀和坡面侵蚀泥沙输移计算的基础。从细沟水流挟沙力的计算来看,对于固定坡面单元来说,细沟水流挟沙力是径流水深的函数,与坡面产生的径流深关系最为密切,同时也与坡面汇流有关。670717 洪水 3 个时段的坡面细沟水流挟沙力面分布见图 10-43 至图 10-45。

图 10-43　670717 场洪水 17 日 16:00 细沟水流挟沙力面分布图(kg/m³)

图 10-44　670717 场洪水 17 日 18:00 细沟水流挟沙力面分布图(kg/m³)

图 10-45　670717 场洪水 17 日 20:00 细沟水流挟沙力面分布图(kg/m³)

10.4.5　沟道水流挟沙力分布

沟道水流挟沙力的计算需要含沙量数据,由于无法预先确定沟道水流的确切含水量,在实际计算中采用预先给出一个大致的含沙量来进行挟沙力的计算,然后根据沟道单元的水沙条件算出一个时段平均的含沙量,再用这个含沙量对挟沙力重新计算后,进行沟道的侵蚀输沙计算。沟道水流挟沙力的面分布见图 10-46 至图 10-48。

图 10-46　670717 场洪水 17 日 16:00 沟道(河道)水流挟沙力面分布图(kg/m³)

图 10-47　670717 场洪水 17 日 18:00 沟道(河道)水流挟沙力面分布图(kg/m³)

图 10-48　670717 场洪水 17 日 20:00 沟道(河道)水流挟沙力面分布图(kg/m³)

10.4.6　重力侵蚀分布

670717 场洪水 3 个时段发生重力侵蚀的沟道单元面分布见图 10-49 至图 10-51,图中红色部分为发生重力侵蚀的单元栅格。发生重力侵蚀的单元土壤含水量和沟坡坡度的统计见表 10-7。

图 10-49　670717 场洪水 17 日 18:00 发生重力侵蚀的沟道单元面分布图

图 10-50　670717 场洪水 17 日 18:00 发生重力侵蚀的沟通单元面分布图

图 10-51　670717 场洪水 17 日 20:00 发生重力侵蚀的沟通单元面分布图

表 10-7　发生重力侵蚀的土壤含水量和边坡统计

时段	土壤含水量(%)			边坡坡度(°)		
	最小	最大	平均	最小	最大	平均
16:00	10.23	16.36	14.88	2.56	36.07	19.59
18:00	21.1	29.12	27.27	1.97	39.91	17.49
20:00	27.07	36.66	34.33	1.75	34.08	16.04

10.5　结论与展望

分布式水沙耦合模型的主要特点就是产汇流和产输沙计算都是分布式的，而且产汇流和产输沙模型是相互耦合的。本例在分布式水沙耦合模型的构建过程中，以 100mDEM 为数据源，提取分布式产汇流及产输沙计算所需的流域特征，以“先演后合”的方式分别建立了逐网格汇流输沙的产汇流和产输沙模型，在实际模拟计算中，将水沙模型进行一定程度的有机耦合，使得模型模拟的水沙过程更为接近实测结果。在未来的土壤侵蚀和水沙输移的研究中，分布式输入和输出作为分布式模拟的重要优势，必将起到重要作用。

但是，在模型构建和模拟的过程中，由于各种限制，造成了诸多不确定性的存在，这是造成模型模拟精度还不是令人很满意的主要原因。将现在认识到的不确定性在今后的研究中转变成相对的确定性，是提高模型精度及对土壤侵蚀规律认识水平所必须进行的研究工作。在今后的研究中，需要解决的问题归纳如下。

1)由于采用的是100m DEM，在沟道边坡坡度的提取时，虽然结合“过水通道曲线”提取的坡度比直接利用DEM数据提取的坡度大，但流域平均的沟道边坡坡度最大的为60.2°，15°以上的仅占17.2%，40.0%的沟道边坡在3°以下，这一结果与黄土丘陵沟壑区的实际沟坡坡度有较大出入，使计算出的沟坡坡度对重力侵蚀的影响比实际的要小。在以后的研究中如能消除或降低由于DEM分辨率的问题造成所提取沟坡坡度失真的影响，对于沟坡重力侵蚀的模拟具有现实意义。

2)“过水通道曲线”应用，与直接将垂直于水流流向的栅格宽度作为单元的汇流宽度的做法相比，进一步接近了实际。但这条曲线的确切走势，以及如何准确确定过水宽度最窄的单元阈值和最窄汇流宽度，还需要进行进一步的研究。

3)由于无法量化水流冲蚀对重力侵蚀的影响，在重力侵蚀的模拟中，本文是通过假定导致重力侵蚀的内部因子和外部因子对于重力侵蚀的贡献相同来判断重力侵蚀是否发生的。如能量化重力侵蚀内部因子和外部因子的权重比例，可以提高判断重力侵蚀是否发生的准确性。

4)在本研究中，重力侵蚀发生后，将降雨初期的土壤含水量直接作为沟道边坡下层土壤的含水量，再通过水文模型重新单独计算其后续时段的土壤含水量。这种方法是以重力侵蚀是均匀发生在整个沟道边坡为条件的，是一种不得已的概化方式。如能更好地确定重力侵蚀发生后沟道发生重力侵蚀条件的变化，可以提高重力侵蚀模拟的准确性。

5)由于是以出口实测过程为模型模拟目标的，在率定过程中，发现溅蚀输移系数、坡面细沟水流侵蚀系数、沟道水流侵蚀系数是相互影响的，坡面细沟水流侵蚀系数大，则沟道水流侵蚀系数就小，而实际中，水流侵蚀系数应该只与相应的水流和泥沙条件有关。因此，水流侵蚀系数如何确定还有待于进一步研究。

在未来的土壤侵蚀和水沙输移的研究中，分布式输出是分布式模拟的优势之一，逐网格汇流输沙计算是分布式输出的必备条件。本书所展示的分布式输出结果，虽然还远不能据以进行相应的分析和验证，但从一定程度上展现了分布式水沙模型的前景。

参考文献

[1] Lahmer W, Pfutzner B, Becker A. Assessment of land use and climate change impacts on the Mesoscale [J]. Physics and Chemistry of the Earth, 2001, 26: 565-575.

[2] Fohrer N, Haverkamp S, Eckhardt K, et al. Hydrologic response to land use changes on the catchments scale [J]. Phys Chem Earth (B), 2001, 26 (7-8): 577-582.

[3] Biftu G F, Gan T Y. Semi-distributed, physically based, hydrologic modeling of the Paddle River Basin. Alberta. using remotely sensed data[J]. Journal of Hydrology, 2001, 244: 137-156.

[4] Schultz G A. Remote sensing applications to hydrology: runoff [J]. Hydrological Science Journal, 1996, 41(4): 453-476.

[5] Biftu G F, Gan T Y. Semi-distributed, physically based, hydrologic modeling of the Paddle River Basin. Alberta. using remotely sensed data [J]. Journal of Hydrology, 2001, 244: 137-156.

[6] 李志林，朱庆. 数字高程模型[M]. 武汉：武汉测绘大学出版社，2000.

[7] Tribe A. Automated recognition of valley lines and drainage networks from grid digital elevation model: a review and a new method [J]. Journal of Hydrology, 1992, 139(1/4): 263-293.

[8] Turcotte R, Fortin J P, Rousseau A N, et al. Determination of the drainage structure of a watershed using a digital river and lake network [J]. Journal of Hydrology, 2001, 240(3-4): 225-242.

[9] 刘新仁. 流域水文模型的途径研究[A]//张建云. 中国水文科学与技术研究进展——全国水文学术讨论会论文集[C]. 南京：河海大学出版社，2004.

[10] Mclanghlin D. Resent developments in hydrologic data assimilation [J]. Reviews of Geophysics, 1995, 33(Supplement): 977-984.

[11] 姜红梅，任立良，安如，等. 基于土地利用与地表覆盖遥感信息的

洪水过程模拟[J]. 河海大学学报(自然科学版),2004,32 (2): 131-135.

[12] Laprup J K, Refsgaard J C, Mazvimavi D. Assessing the effect of land use change on catchment runoff by combined use of statistical tests and hydrological modeling: case studies from Zimbabwe [J]. Journal of Hydrology, 1998,205: 147-163.

[13] 曾涛,郝振纯,王加虎. 气候变化对径流影响的模拟[J]. 冰川冻土,2004,26(3):324-332.

[14] 陈军锋,李秀彬,张明. 模型模拟梭磨河流域气候波动和土地覆被变化对流域水文的影响[J]. 中国科学 D 辑地球科学,2004,34 (7): 668-674.

[15] Desconnets J,Vieux B,Cappelaere B,et al. A GIS for hydrological modeling in the semi-aris, HAPEX-Sahel experiment area of Niger Africa [J]. Transactions in GIS,1996,1(2): 82-94.

[16] Vieux B E,Ledimet F,Armand D. Inverse problem formulation for spatially distributed river basin model calibration using the adjoint method [J]. EGS, Annales Geophicae, Part II, Hydrology, Oceans and Atmosphere,1998,16(Supplement 2): C501.

[17] Rinaldo A,Marani A,Rigon R. Geomophological dispersion [J]. Water Resource Research,1991(27): 513-525.

[18] 陈宜瑜. IGBP 未来发展方向[J]. 地球科学进展,2001,16(1): 15-18.

[19] Soroosh Sorooshian. GEWEX moving ahead scientifically and reaching out across disciplines/organizations [EB/OL]. GEWEX News, 2001,11(1): 2.

[20] Beven K J. How for can we go in distributed hydrological modeling? [J]. Hydrology and Earth System Science,2001,5(1):1-12.

[21] Reggiani P, Sivapalan M, Hassanizadeh S M. Conservation equations governing hill-slope response: exploring the physical basis of water balance [J]. Water Resource Research,2000,36: 1845-1863.

[22] Beven K J. Linking parameters across scales: sub-grid parameterizations and scale dependent hydrological models [J]. Hydrological Processes,1995,9:507-526.

[23] Blöschl G. Scaling in Hydrology [J]. Hydrological Processes, 2001,16: 709-711.

[24] Qian W C. Effects of deforestation on flood characteristics with

particular reference to Hainan Island [C]. China. International Association of Hydrological Sciences Publication,1983,140:249-258.

[25] Wilk J, Andersson L, Plermkamon V. Hydrological impacts of forest conversion to agriculture in a large river basin in northeast Thailand [J]. Hydrological Processes, 2001,15:2729-2748.

[26] 郭生练,李兰,曾光明.气候变化对水文水资源影响评价的不确定性分析[J].水文,1995,6:1-6.

[27] Eckhandt K, Breuer L, Frede H-G. Parameter uncertainty and the significance of simulated land use change effects [J]. Journal of Hydrology, 2003, 273:164-176.

[28] 袁旭,陆颖,等.国内 MIKE SHE 水文模型研究与应用综述[J].水利科技与经济,2018,24(1):13-17.

[29] 李爱民.分布式水文模型研究进展[J].中国水运,2016,16(7):171-172.

[30] 郭良,唐学哲,孔凡哲.基于分布式水文模型的山洪灾害预警预报系统研究及应用[J].对策研究,2007,14:38-41.

[31] 包红军,等.基于分布式水文模型的小流域山洪预报方法与应用[J].暴雨灾害,2017,36(2):156-163.

[32] 崔春光,彭涛,等.暴雨洪涝预报研究中的若干进展[J].气象科技进展,2011,1(2):32-37.

[33] 梁钟元,贾仰文,等.分布式水文模型在洪水预报中的应用研究综述[J].人民黄河,2007,29(2):29-32.

[34] 包红军,王莉莉,等.气象水文耦合的洪水预报研究进展[J].气象,2016,42(9):1045-1057.

[35] 刘慧敏.基于 ECMWF 降雨资料和 SWAT 模型耦合的径流模拟研究[D].郑州:华北水利水电大学,2017.

[36] 吴文强,李国敏,陈求稳.地下水数值模拟中分布式水文模型的耦合应用[J].勘察科学技术,2009,5:48-51.

[37] 李磊,徐宗学.考虑地表水-地下水交换的分布式水文模型 GISMOD开发与应用[J].北京师范大学学报(自然科学版),2014,50(5):555-562.

[38] 董晓红,于澎涛,王彦辉,等.分布式生态水文模型 TOPOG 在温带山地小流域的应用——以祁连山排露沟小流域为例[J].林业科学研究,2007,20(4):477-484.

[39] 张荔,赵串串,等.分布式水文模型在渭河流域水环境分析中的应

用[J]. 西安建筑科技大学学报(自然科学版),2007,39(1): 61-65.

[40] 柏慕琛. 基于分布式水文模型的生态需水研究[D]. 武汉:武汉大学,2017.

[41] 李明星,刘建栋,等. 分布式水文模型在陕西省冬小麦产量模拟中的应用[J]. 水土保持通报,2008,28(5): 148-154.

[42] 潘登,任理. 分布式水文模型在徒骇马颊河流域灌溉管理中的应用Ⅰ. 参数率定和模拟验证[J]. 中国农业科学,2012,45(3): 471-479.

[43] 潘登,任理. 分布式水文模型在徒骇马颊河流域灌溉管理中的应用Ⅱ. 水分生产函数的建立和灌溉制度的优化[J]. 中国农业科学,2012,45(3): 480-488.

[44] 赵宏臻,陈鸣,等. 淮北平原分布式除涝水文模型及应用[J]. 水资源保护,2014,30(4): 14-17.

[45] 孟春红,路振广,等. 基于二元水循环的灌区分布式水文模型的应用研究[J]. 水资源与水工程学报,2013,24(2): 92-97.

[46] Akan A O. Pavement drainage design using Yen and Chow rainfall[A]. Channel Flow and Catchment Runoff,Proceedings of the [J]. International Conference for Centennial of Manning's Formula and Kuichling's Rational Formula[C]. Charlottesville:University of Virginia,1989: 285-291.

[47] 张秋霞, 王义成. 二维非恒定流洪水演进模拟模型开发及应用[J]. 水利水电技术,2009,40(3):62-64,73.

[48] Tsihrintzis V A,Hamid R. Runoff quality prediction from small urban catchments using SWMM[J]. Hydrological Processes,1998,12(2): 311-329.

[49] 刘俊,郭亮辉,张建涛,等. 基于 SWMM 模拟上海市区排水及地面淹水过程[J]. 中国给水排水,2006,22(21):64-70.

[50] 董欣,陈吉宁,赵冬泉. SWMM 模型在城市排水系统规划中的应用[J]. 给水排水, 2006,32(5):106-109.

[51] Bruen M,Yang J. Combined hydraulic and black-box models for flood forecasting in urban drainage systems[J]. Journal of Hydrologic Engineering,2006,11(6):589-596.

[52] Koudelak P,Wese S. Sewerage network modelling in Latvia,use of info works CS and storm water management model 5 in Liepaja city[J]. Water and Environment Journal, 2008,22(2):81-87.

[53] Devesaf,Comasj,Turon C,et al. Scenario analysis for the role of sani-

tation infrastructures in integrated urban wastewater management[J]. Environmental Modelling and Sofeware,2009,24(3):371-380.

[54] 刘金涛,冯杰,张佳宝.分布式水文模型在流域水资源开发利用中的应用研究进展[J].中国农村水利水电,2007,2：142-144.

[55] 管延海,高树文,等.分布式水文模型在流域水资源量趋势演算中的应用[J].节水灌溉,2014,3：62-65.

[56] 彭小斌,谢亨旺.分布式水文模型在山洪规划治理中的应用[J].吉林水利,2011(6)：41-45.

[57] 张俊娥,陆垂裕,等. 面向对象模块化的分布式水文模型 MODCYCLE Ⅱ:模型应用篇[J].水利学报,2012,43(11)：1287-1295.

[58] 夏军,叶爱中,等. 跨流域调水的大尺度分布式水文模型研究与应用[J].南水北调与水利科技,2011,9(1)：1-7.

[59] 徐宗学,程磊.分布式水文模型研究与应用进展[J].水利学报,2010,41(9)：1009-1017.

[60] 任少华. 基于 GIS 和 DEM 的缺资料地区小流域分布式水文模型研究[D].郑州：郑州大学,2017.

[61] 贾晓青,杜欣,等.分布式水文模型在西南岩溶地区的应用前景[J].人民长江,2008,39(5)：29-33.

[62] Beven K,Binley A. The future of distributed models：model calibration and predictive uncertainty[J]. Hydrol Processes,1992,6：279-298.

[63] Gupta H, Sorooshian S, Yapo P. Toward improved calibration of hydrologic models：Multiple and noncommensurable measures of information[J]. Water Resources Research,1998,34：751-763.

[64] Linsley Ray, K. , Kohler Max, A.. Hydrology for Engineers [M]. New York：McGraw Hill,1986,339-356.

[65] Vrugt J, Diks C, Gupta H, et al. Improved treatment of uncertainty in hydrologic modeling：Combining the strengths of global optimization and data assimilation[J]. Water Resources Research, 2005, 41：W01017.

[66] Sorooshian S,Gupta V. K. Model calibration[J]. Colorado：Water Resources Publications,1995.

[67] Duan Q, Sorooshian S, Gupta V. Effective and efficient global optimization for conceptual rainfall-runoff models[J]. Water Resource Research,1992,28：1015-1031.

[68] Wang Q. The genetic algorithm and its application to calibrating

conceptual rainfall-runoff models[J]. Water Resources Research,1991,27: 2467-2471.

[69] Brooks S. A discussion of random methods for seeking maxima [J]. Operations Research,1958,6:244-251.

[70]舒畅,刘苏峡,莫兴国,等. 新安江模型参数的不确定性分析[J]. 地理研究,2008. 27(2): 343-352.

[71] Osano O,Nzyuko D,Tole M,et al. The fate of chloroacetanilide herbicides and their degradation products in the Nzoia Basin,Kenya: AMBIO[J]. A Journal of the Human Environment,2003,32: 424-427.

[72] Li L,Hong Y,Wang J,et al. Evaluation of the real-time TRMM-based multi-satellite precipitation analysis for an operational flood prediction system in Nzoia Basin[J]. Lake Victoria, Africa, Natural Hazards, 2009,50: 109-123.

[73] Huffman G,Adler R,Bolvin D,et al. The TRMM Multi-satellite Precipitation Analysis (TMPA): Quasi-global, multi-year, combined-sensor precipitation at fine scales[J]. Journal of Hydrometeorol, 2007, 8: 38-55.

[74] De Waal A. Famine early warning systems and the use of socio-economic data[J]. Disasters,1988,12: 81-91.

[75] Zhao R. The Xinanjiang model applied in China[J]. Journal of Hydrology,1992,135: 371-381.

[76] Madsen H. Automatic calibration of a conceptual rainfall-runoff model using multiple objectives[J]. Journal of Hydrology, 2000, 235: 276-288.

[77] 舒畅,刘苏峡,莫兴国,等. 新安江模型参数的不确定性分析[J]. 地理研究,2008,27(2): 343-352.

[78] 赵人俊,王佩兰. 新安江模型参数的分析[J]. 水文,1988(6): 4-11.

[79] Tang C, Dennis R L. How reliable is the offline linkage of Weather Research & Forecasting Model (WRF) and Variable Infiltration Capacity (VIC) model? [J]. Global & Planetary Change,2014,116:1-9.

[80] 芮孝芳,宫兴龙,张超,等. 流域产流分析及计算[J]. 水力发电学报,2009,28(6):146-150.

[81] An N,Hemmati S,Cui Y J,et al. Assessment of Rainfall Runoff Based on the Field Measurements on an Embankment[J]. Geotechnical

Testing Journal,2016,40(1):20160096.

[82] 黄膺翰,周青.基于霍顿下渗能力曲线的流域产流计算研究[J].人民长江,2014(5):16-18.

[83] Yan Y,Che T,Hongyi L I,et al. Using snow remote sensing data to improve the simulation accuracy of spring snowmelt runoff: take Babao River basin as an example[J]. Journal of Glaciology & Geocryology,2016.

[84] 李帅.宁夏黄河流域气候与土地利用变化及其对径流影响研究[D].重庆:西南大学,2015.

[85] 李璇. 绿水资源对流域土地利用与气候变化的响应:以堵河流域为例[D]. 武汉:华中农业大学,2013.

[86] 徐宗学,程磊.分布式水文模型研究与应用进展[J]. 水利学报,2010,39(9):1009-1017.

[87] 包红军,王莉莉,李致家,等.基于 Holtan 产流的分布式水文模型[J].河海大学学报(自然科学版),2016,44(4):340-346.

[88] Horton R E. Therole of infiltration in hydrologic cycle [J]. Trans. A. G. U. ,1931,12: 189-202.

[89] 赵人俊.流域水文模型——新安江模型和陕北模型[Z].河海大学讲义:60.

[90] Dunne T. Field studies of hillslope flow processed in hillslope hydrology[M]. New York:New York Press. 1978.

[91] 于维忠.论流域产流[J].水利学报,1985,(2): 1-11.

[92] 芮孝方.水文学原理[M].北京:中国水利水电出版社,2004.

[93] 王加虎,袁莹,李丽,等.用半分布式汇流结构改善新安江模型参数外推能力研究[J].中国农村水利水电,2016,6:68-71.

[94] 郝振纯.分布式水文模型理论与方法[M].北京:科学出版社,2010.

[95] 王加虎.分布式水文模型理论与方法研究[D].南京:河海大学,2006.

[96] 李丽,郝振纯,王加虎.基于 DEM 的分布式水文模型在黄河三门峡-小浪底间的应用探讨[J].自然科学进展,2004,14(12):1452-1458.

[97] 刁雪飞,李丽,王加虎,等.改进的 Horton 模型在祖厉河流域洪水预报中的应用[J].水电能源科学,2015,33(11): 10-13.

[98] 王加虎,袁莹,李丽,等.用半分布式汇流结构改善新安江模型参数外推能力研究[J].中国农村水利水电,2016(6):68-71.

[99] Puckett L. J. Identifying the major sources of nutrient water

pollution[J]. Environmental science & technology,1995,29(9):408-414.

[100] Mcdowell R,Sinaj S,Sharpley A,et al. The use of isotopic exchange kinetics to assess phosphorus availability in overland flow and subsurface drainage waters[J]. Soil Science,2001,166(6):365.

[101] Aadraski T W B,Kilian L G,Kenneth C. Manure history and long-term tillage effects on soil properties and phosphorus losses in runoff [J]. Journal of Environmental Quality,2003,32(5):1782.

[102] Hewlett J D, Hibbert A R Factors affecting the response of small watersheds to precipitation in humid areas[J]. Forest hydrology, 1967:275-290.

[103] Dunne T,Black R D. Partial area contributions to storm runoff in a small New England watershed[J]. Water resources research,1970,6 (5):1296-1311.

[104] Schneiderman E M,Steenhuis T S. ,THONGS D. J. et al. Incorporating variable source area hydrology into a curve - number - based watershed model[J]. Hydrological processes,2007,21(25):3420-3430.

[105] Mehta V K,Marrone A M,Boll J. ,et al. Simple estimation of prevalence of Hortonian flow in New York City watersheds[J]. Journal of Hydrologic Engineering,2003,8:214.

[106] Walter M T, Walter M F, Brooks E S, et al. Hydrologically sensitive areas: Variable source area hydrology implications for water quality risk assessment[J]. Journal of Soil and Water Conservation,2000, 55(3):277-284.

[107] Easton Z M,G RARD-MARCHANT P,Walter M T. et al. Identifying dissolved phosphorus source areas and predicting transport from an urban watershed using distributed hydrologic modeling[J]. Water Resour. Res,2007,43(11):1-16.

[108] Boughton W C. Evaluating partial areas of watershed runoff [J]. Journal of Irrigation and Drainage Engineering, 1987, 113 (3): 356-366.

[109] Boughton W C. Systematic procedure for evaluating partial areas of watershed runoff[J]. Journal of Irrigation and Drainage Engineering, 1990,116(1):83-98.

[110] 张继宁,黄毅. 美国有关水文敏感区水质评估的研究[J]. 水土保持科技情报,2002,(004):19-22.

[111] Fpankenberger J R, Brooks E S, Walter M T, et al. A GIS-based variable source area hydrology model[J]. Hydrological processes, 1999,13(6): 805-822.

[112] Agnew L J, Lyon S. , G RARD-MARCHANT P, et al. Identifying hydrologically sensitive areas: Bridging the gap between science and application[J]. Journal of environmental management, 2006, 78(1): 63-76.

[113]庄永忠,廖学诚,詹进发,等. 莲华池集水区水文敏感区动态变化之研究[J]. 地理科学杂志,2008,51: 21-46.

[114] Rallison R E. Origin and evolution of the SCS runoff equation [A]. ASCE, 1980, pp. 912-924.

[115] Lyon S W, Walter M T, G RARD-MARCHANT P. , et al. Using a topographic index to distribute variable source area runoff predicted with the SCS curve-number equation[J]. Hydrological processes, 2004, 18 (15): 2757-2771.

[116]丁永建,叶佰生,周文娟. 黑河流域过去 40 年来降水时空分布特征[J]. 冰川冻土,1999,(1):42-48.

[117] 吴钦孝,李秧秧. 黄龙山区不同类型小流域的产流过程及其特征[J]. 中国水土保持科学,2005,3(3): 10-15.

[118] Srtm. The Shuttle Radar Topography Mission (SRTM) [DB] [M]. http://www2.jpl.nasa.gov/srtm/. 2003.

[119] Leaney F W, Smettem K R J, Chittleborough D J. Estimating the contribution of preferential flow to subsurface runoff from a hillslope using deuterium and chloride[J]. Journal of Hydrology, 1993, 147:83-103.

[120] Wells, Eric R, Krothe, Noel C. Seasonal fluctuation in delta N of groundwater nitrate in a mantled karst aquifer due to macropore transport of fertilizer-derived nitrate [J]. Journal of Hydrology, 1989, 112: 191-201.

[121] Marshall T J. Relations between water and soil [J]. Commonwealth Bur. of Soils. Harpen. U. K, 1959, Tech. Comm. 50.

[122] Luxmoore R J. Micro-, meso-, and macroporosity of soil[J]. Soil Sci. Soc. Am. J. , 1981, 45:671-672.

[123] Ehler W. Observation on earthworm channels and infiltration on tilled and untilled loess soil[J]. Soil Sci. , 1975, 119:242-249.

[124] Li Yimin, Ghodrati, Masoud. Preferential transport of solute through soil columns containing constructed macropores[J]. Soil Science

Society of America Journal,1997,61,1308-1317.

[125] Edwards W M,Vander Ploeg R R,Ehlers W. A numerical study of the effects of noncapillary-sized pores upon infiltration[J]. Soil Sci. Soc. Am. J. ,1979,43:851-856.

[126] Lee K E. Earthworms: Their ecology and relationships with soils and land use[J]. Sydendey:Academic Press,1985.

[127] Piyush Singh, Rameshwar S, Kanwar. Preferential solute transport through macropres in large undisturbed saturated soil columns [J]. J. Environ. Qual. ,1991,20:295-300.

[128] Richard T L,Steenhuis T S. Tile drain sampling of preferential flow on a field scale[J]. Trans. Am. Geophys,1987,Union 68:314.

[129] WSC,Trent University. Impact of land use changes on water budget. In: Water budget analysis on a watershed basis [EB/OL]. Queen's Printer for Ontario,2000.

[130] Novak V. Estimation of soil-water extraction patterns by roots [J]. Water Management,1987,12(4): 271-278.

[131] Shibusawa S. Modeling the branching growth fractal of the maize root system[J]. Plant and Soil,1994,165: 339-347.

[132] 郝振纯,王加虎,刘震,等. 潘庄灌区土壤墒情预报与灌溉指导系统研究技术报告[R]. 2003: 22-23.

[133] 粟容前,康绍忠,贾云茂. 农田土壤墒情预报研究现状及不同预报方法的对比分析[J]. 干旱地区农业研究,2005,23(6): 194-199.

[134] 吴艳兰,胡鹏. 由栅格等高线快速建立 DEM 的新方法[J]. 武汉大学学报(信息科学版),2001,26(1): 86-90.

[135] 尚松浩,雷志栋,杨诗秀. 冬小麦田间墒情预报的经验模型[J]. 农业工程学报,2000,16(5): 31-33.

[136] 郭群善,雷志栋,杨诗秀. 作物生长条件下田间土壤水量平衡计算的研究[J]. 水利学报,1997(增刊): 40-46.

[137] 康绍忠,张富仓. 玉米生长条件下农田土壤水分动态预报方法的研究[J]. 生态学报,1997,17(3): 245-251.

[138] 毛晓敏,杨诗秀,雷志栋. 叶尔羌灌区冬小麦生育期 SPAC 水热传输的模拟研究[J]. 水利学报,1998(7): 35-39.

[139] 康绍忠,刘晓明,熊运章. 土壤-植物-大气连续体水分传输理论及应用[M]. 北京:水利电力出版社,1994.

[140] 黄冠华,沈荣开,张瑜芳. 考虑气象因素不确定性条件下土壤墒

情的估计与预测[J]. 水利学报,1997(增刊)：195-202.

[141] 罗毅,雷志栋,杨诗秀. 根系层储水量对随机腾发响应特性的初步分析[J]. 水利学报,1998(5)：44-48.

[142] Chu S T. Infiltration during an unsteady rain [J]. Water Resources Res. ,1978,14(3)：461-466.

[143] 李丽,郝振纯,王加虎. 复合信息提取流域特征及其应用[A]. 见：夏军主编. 水问题的复杂性与不确定性研究与进展[C]. 北京：中国水利水电出版社,2004：196-205.

[144] Van Genuchten M T. A closed-form equation for prediction the hydraulic conductivity of unsaturated soil[J]. Soil Sci Soc Am J. 1980,44：892-898.

[145] 尹雁峰,刘昌民. 复杂剖面结构土壤水运动的数值模拟[A]. 刘昌民,于沪民主编：土壤-作物-大气系统水分运动实验研究[C]. 北京：气象出版社,1997,70-77.

[146] LI Li,Hao Zhenchun,Wang Jiahu,et al. A Distributed Hydrologic Model Based on DEM[A]. FENG Changgen,et al：The proceedings of the China association for science and technology[C]. Beijing：Science Press,2005,2(3)：510-513.

[147] 唐克丽,等. 中国水土保持[M]. 北京：科学出版社,2004.

[148] 全国土壤侵蚀遥感调查统计表[R]. 水利部遥感技术应用中心印,1990.

[149]徐建华，吴成基，林银平，等. 黄河中游粗泥沙集中来源区界定研究[J]. 水土保持学报，2006，20(1)：6-9.

[150] 李勉,李占斌,刘普灵. 中国土壤侵蚀定量研究进展[J]. 水土保持研究,2002,9(3)：243-248.

[151] Arnoldus H M J. Methodology used to determine the maximum potential average annual soil loss due to sheet and rill erosion in Morocco[J]. FAO Soils Bulletin,1977,34：39-51.

[152] Arnoldus H M M. An approximation of the rainfall factoring the universal soil loss equation [A]. In：Deboodt M, Gabriels D, Assessment of erosion [C]. John Wiley and Sons, Chichester, 1980, 127-132.

[153] Mikhail ova E A,Bryant R B,Schwager S J,et al. Predicting Rainfall Erosivity in Honduras[J]. Soil Sci. Soc. Am. J.,1997,61：273-279.

[154]于兴修，杨桂山. 通用水土流失方程因子定量研究进展与展望[J]. 自然灾害学报，2003，12(3)：14-18.

[155]黄炎和. 闽东南降雨侵蚀力指标R值的研究[J]. 水土保持学报，1992，6(4)：1-5.

[156]吴素业. 安徽大别山区降雨侵蚀力指标的研究[J]. 中国水土保持，1992，2：32-33.

[157]王万忠，焦菊英. 中国的土壤侵蚀因子定量评价研究[J]. 水土保持通报，1996，16(5)：1-20.

[158] Olson，Wischmeier W H. Soil erodibility evaluation for soils on the runoff and erosion stations [J]. Soil Science，Society of American Proceedings，1963，27(5)：590-592.

[159] Wischmeier W H，Mannering L V. Relation of soil properties to its erodibility [J]. Soil Science Socienty of American Proceeding，1969，331：131-137.

[160] EI-Swaify S A，Dangler E W. Erodibility of selected tropical soils in relation to structural and hydrologic parameters[A]. In：Soil Erosion，Predictionand Control[J]. Ankeny，Iowa，Soil Cons Soc Am.，1976，105-114.

[161] Young R A，Mutchler C K. Erodibility of some Minnesota soils [J]. Journal of Soil and Water Conservation，1977，32：180-182.

[162] 史德明. 中国红壤[M]. 北京：科学出版社，1983.

[163] 王佑民，等. 黄土高原土壤抗蚀性的研究[J]. 水土保持学报，1994，8(4)：11-16.

[164] 史学正，于东升，邢廷炎，等. 用田间实测法研究我国亚热带土壤的可蚀性K值[J]. 土壤学报，1997，34(4)：399-405.

[165] 陈振金，刘用清，郑大增. USLE方程在我省生态型建设项目环评中的应用[J]. 福建环境，1995，12(2)：12-14.

[166]刘宝元，张科利，焦菊英. 土壤可蚀性及其在侵蚀预报中的应用[J]. 自然资源学报，1999，14(4)：345-350.

[167] Moore L D，Butch G J. Modeling erosion and deposition：topographic effects[J]，Transactions of the ASAF，1986，101：255-279.

[168] Ouyang Da，Bartholic Jon. Web-Based GIS Application for Soil Erosion Prediction[Z]. 2001.

[169] Renner F G. Conditions influencing erosion of the boise river watershed[M]. USDA Tech，Bull，1936，528.

[170] Horton R E. Erosional development of streams and their drainage basins hydrophysical approach to quantitative morphology [J]. Geol. Soc. Am. Bull,1945,56(3):275-370.

[171] Meilton M A. Intra valley variation in slope angles related to microlimate and erosional environment[J]. Geol. Soc. Am.,1970,71:326-370.

[172] Ruxton B P. Weathering and surface erosion in Granite at piedmont angle bolos[J]. Geol.,1958,5:95.

[173] Carson M A. An application of the threshold slope to the Larmic mountains[M]. W Yominy Inst. British,Spaciat Pub,1971.

[174] Morgan R C. Soil erosion and conservation[M]. London: Longman Group UK Limited,1987.

[175] Wischmeier W H, Simth D D. Rainfall energy and its relationship to soil loss[J]. Transactions of American Geophysical Union, 1958,39:524-547.

[176] Simth D D. Wischmeier W H,Factor affecting sheet and rill erosion[J]. Trans. Amer. Geophys.,1957,38:889-896.

[177] King L Y. The uniformitarian nature of hillslopes[J]. Trans. Edin. Geod. Soc.,1957,17:81-12.

[178] Schumm S A,Mosely M. Slope morphology[M]. Dowden, Huthinson and Ross. Inc.,Stroudabury Pennsylvania,1973.

[179] 西北黄河工程局.西北黄土区坡地固体径流和液体径流形成过程的初步研究[J].黄河建设,1957,12:17-21.

[180] 罗来兴.甘肃华亭粮食沟坡面细沟侵蚀量的野外测定及其初步分析结果[J].地理学资料,1958,2:111-118.

[181] A cerda. Soil erosion after land abandonment in a semiarid environment of southern Spain[J]. Arid Soil Research and Rehabilitation, 1997,11:163-176.

[182] Brown L C,Norton L D. Surface residue effects on soil erosion from ridges of different soil sand formation[J]. Transaction of the ASAE, 1994,37(5):1515-1524.

[183] Carrol C,Halpin M,Burger P,et al. The effect of crop type, crop rotation,and tillage practice on runoff and soil loss on a Vertisol in central Qweenland[J]. Soil Res,1997,35:925-939.

[184] Gilly J E,Risse L M. Runoff and soil loss as affected by the

application of manure[J]. Transaction of the ASAE, 2000, 43(6): 1583-1588.

[185] Fournier F. Soil conservation,Nature and Environment Seiers [M]. Council of Europe,1972.

[186] Elwell H A, Stocking M A. Vegetal cover to estimate soil erosion hazard in Rhodesia[J]. Geoderma,1976,15: 61-70.

[187] 景可,卢金发,梁季阳,等. 黄河中游侵蚀环境特征和变化趋势[M]. 郑州: 黄河水利出版社,1997.

[188] 柳长顺,齐实,史明昌. 土地利用变化与土壤侵蚀关系的研究进展[J]. 水土保持学报,2001,15(2): 10-14.

[189] 傅伯杰,邱扬,王军,等. 黄土丘陵小流域土地利用变化对水土流失的影响[J]. 地理学报,2002,57(6): 717-722.

[190] M J 柯克比,R P C 摩根. 土壤侵蚀[M]. 王礼先,吴斌等,译. 北京: 水利水电出版社,1987,100-110.

[191] 蔡强国,刘纪根,关于我国土壤侵蚀模型研究进展[J]. 地理科学进展,2003,22(3): 242-250.

[192] Meyer L D. Evaluation of the universal soil loss equation[J]. Journal of Soil and Water Conservation,1984,39: 99-104.

[193] Miller M F. Waste through soil erosion[J]. Journal Am Soc Agron,1926(18): 153-160.

[194] 郑粉莉,杨勤科,王占礼. 水蚀预报模型研究[J]. 水土保持研究,2004,11(4): 13-24.

[195] Cook M F. The natural and controlling variables of the water erosion process[J]. Soil Sci. Soc. Am. Proceedings,1936,1: 60-64.

[196] Zingg A W. Degree and length of land slope as it affects soil loss in runoff[J]. Agricultural Engineering,1940(21): 59-64.

[197] Smith D D. Interpretation of soil conservation data for field use [J]. Agricultural Engineering,1941(22): 173-175.

[198] Musgrave G W. The quantitative evaluation of factors in water erosion: a first approximation[J]. Journal of Soil and Water Conservation, 1947,2(3): 133-138.

[199] Wischmeier W H,Smith D D. Predicting rainfall-erosion losses from cropland east of the Rocky Mountains[M]. Agricultural Handbook, USDA,1965: 292.

[200] Wischmeier W H,Smith D D. Predicting rainfall erosion losses-a

guide to conservation planning[M]. Agricultural Handbook,USDA,1978,537：10-34.

[201] Renard K G,Føster G R,Weesies G A. Predicting soil erosion by water：a guide to conservation planning with the Revised Universal Soil Loss Equation(RUSEL)[M]. Agricultural Handbook,USDA,1997：703.

[202] Negev M. A Sediment model on a digital computer[Z]. Tech Rep No. 62,Dept of Civil Eng,Standford University,Palo Alto,CA,1967.

[203] Ellision W D. Soil erosion studies[J]. Agricultural Engineering,1947,28(4)：145-146.

[204] Meyer L D, Wischmeier W H. Mathematical simulation of process of soil-erosion by water[J]. Trans ASAE,1969,12(6)：754-762.

[205] 符素华,刘宝元. 土壤侵蚀量预报模型研究进展[J]. 地球科学进展,2002,171:78-84.

[206] Foster G R,Meyer L D. A closed-form soil equation for upland areas[A]. H A Einstein ,Sedimentation：Symposium to Honor Professor [C]. 12. 2-12. 9 Fort Collins,Colo. ,Water Resources Publication,1972：110-147.

[207] Nearing M A,Forste G D,Lane L J,et al. A process-based soil erosion model for USDA-Water Erosion Prediction Project Technology [J]. Trans ASAE,1989,32：1587-1593.

[208] Sharpley A N,Williams J R. EPIC-erosion productivity impact calculator：Model documentation,Technical Bulletin,No. 1 768,USDA,Washington,D C,USA. ,1990.

[209] Morgan R P C. The European Soil Erosion Model：an update on its structure and research base[A], In：Richson, Conserving Soil Resources：European perspectives[C]. CAB International, Cambridge,1994,286-299.

[210] De Roo A P J,Wesseling C G,Ritsma C G . LISEM：A single-event physical based hydrological and soils erosion model for drainage basin,I：theory,input and output[J]. Hydrological Processes,1996,10(8)：1107-1117.

[211] Rose C W,Williams J R,Sander G C,Barry D A. A mathematical model of soil erosion and deposition processes：Theory for a plane land element[J]. Soil Sci. Soc. Of Am. J. ,1983,47(5)：991-995.

[212] Novotny V A. Agricultural Nonpoint Source Pollution：model Selection and Application [M]. Netherland：Elsevier Science Publishing

Company Inc. ,1986：9-35.

[213] 唐政洪，蔡强国. 侵蚀产沙模型研究进展和GIS应用[J]. 泥沙研究，2002，5：59-66.

[214] Soil Conservation Service. General soil map geographic database, National Instruction No. 4[M]. USDA, Washington D C, 1984.

[215] Reubold W U, Teselle G W. Soil geographic data bases[J]. Journal of soil and water conservation, 1986, 441：28-29.

[216] Meilerowing K T. Soil conservation planning at the watershed level using the USLE with GIS and microcomputer technologies：A case study[J]. Journal of soil and water conservation, 1994, 49(2)：194-200.

[217] Wischmeier W H, Smith D D. A universal soil losse quation to guide conservation farm planning, Trans. 7th International Cong[J]. Soil Sci, 1960, I：418-425.

[218] Lane L J, Ferreira V A. Sensitivity analysis in creams：A field scale model for chemical, runoff and erosion from aericultural management systems[J]. Transaction of the ASAE 1975, 18(5)：905-911.

[219] Young R A, Onstad C A, Bosch D D, et al. AGNPS：A nonpoint source pollution model for evaluating agricultural watersheds [J]. Journal of Soil and Water Conservation, 1989, 44(2)：168-173.

[220] William J R. A model for predicting sediment phosphorus and nitrogen yield from rural basin proceeding international association for hydraulic water quality model[J]. J Environ Qual, 1980, 23：25-35.

[221] Renard K G, Foster G R. RUSEL revised：Status question answer and the future[J]. Soil and Water Conservation, 1994, 49(3)：213-220.

[222] Renard K G, Foster G R, Weesies G A. RUSEL revised universal soil loss question[J]. Soil and Water Conservation, 1991, 461：30-33.

[223] 刘善建. 天水水土流失测验的初步分析[J]. 科学通报，1953(12)：59-65.

[224] 江忠善，王志强，刘志. 黄土丘陵区小流域土壤侵蚀空间变化定量研究[J]. 土壤侵蚀与水土保持学报，1996，1(2)：1-9.

[225] 符素华，张卫国，刘宝元，等，北京山区小流域土壤侵蚀模型[J]. 水土保持研究，2001，8(4)：114-120.

[226] 江忠善，宋文经. 黄河中游黄土丘陵沟壑区小流域产沙量计算[A]//第一次河流泥沙国际学术讨论会文集[C]. 北京：光华出版社，1980：

63-72.

[227] 牟金泽,熊贵枢.陕北小流域产沙量预报及水土保持措施拦沙计算[A]//第一次河流泥沙国际学术讨论会文集[C].北京：光华出版社，1980. A4-1-A4-10.

[228] 金争平,赵焕勋,和泰,等.皇甫川区小流域土壤侵蚀量预报方程研究[J].水土保持学报,1991,51：8-18.

[229] Foster G L, Meyer L D. Mathematical Simulation of upland erosion by fundamental erosion principles[J]. Trans. ASAE,1975,20：4.

[230] Guy B T, Dickinson W T, Rudar R P. The roles of rainfall and runoff in the seeiment transport capacity of inter rill flow[J]. Transcations of the asae,1987,30(5)：1378-1386.

[231] Nearing M A, Bradford J M, Parker S C. Soil detachment by shallow flow at low slopes[J]. Soil Sci Soc of Am J,1991,55(2)：339-344.

[232] Govers G. Empirical relationships for the transport capacity of overland flow：Erosion, transport, and deposition process[M]. LAHS Publ.,1990,189：45-63.

[233] Gary Li, Abrahams A D. Controls of sediment transport capacity in laminar interrill flow on stone-covered surfaces[J]. Water Resources Research,1999,351:305-310.

[234] Lu J Y, Khan M J. Movement of sediment mixtures in a parabolic flume with simulated rainfall[A], Sediment Transport Modeling Proceedings International Symposium[C]. New Orleans：ASAE,1989：14-19.

[235] Flangan D C, Nearing M A. USDA Water Erosion Prediction Project：Hill solpe profile and watershed model documentation[R]. USDA-ARA, NSERL, Report No. 10, USDA ARS West Lafayette, Indiana, USA,1995.

[236] SDA. Water Erosion Prediction Project, NSERL No. 2, National Soil Erosion Research Laboratory[R]. USDA-ARS, West Lafayette,1995.

[237] Morgan R P C, Quinton J N, Smith R E. The European Soil Erosion Mode(EUROSEM)：a dynamic approach for predicting sediment transport form field and small catchments[J]. Earth Surface Processes and Landforms,1998,23：527-544.

[238] Morgan R P C, Quinton J N, Smith R E, et al. The European

Soil Erosion Mode(EUROSEM)：documentation and user guids[Z]. Silsoe College,Cranfield University,1998.

[239] De Roo A P J. The LISEM project：an intreduction[J]. Hydrological Processes,1996,10：1021-1025.

[240] LISEM, A User Mannual[Z]. Dept. of Physical Geography, Univ. of Utrecht,1995.

[241] De Jong S M, Paracchini M L, Bertolo F, et al. Regional assessment of soil erosion using the distributed model SEMMED and remotely sensed data[J]. Catena,1999,37(3-4)：291-308.

[242] 王礼先，吴长文. 陡坡林地坡面保土作用机理[J]. 北京林业大学学报，1994，16(4)：1-7.

[243] 蔡强国，陆兆熊，王桂平. 黄土丘陵区典型小流域侵蚀产沙过程模型[J]. 地理学报，1996，51(2)：108-117.

[244] 段建南，李保国，石元春. 应用于土壤变化的坡面土壤侵蚀过程模拟[J]. 土壤侵蚀与水土保持学报，1998，41：47-53.

[245] 谢树楠，王孟楼，张仁. 黄河中游黄土沟壑区暴雨产沙模型的研究[M]. 北京：清华大学出版社，1990.

[246] 包为民. 黄土地区流域水沙模拟概念模型与应用[M]. 南京：河海大学出版社，1995.

[247] 汤立群，陈国祥. 大中流域长系列径流泥沙模拟[J]. 水利学报，1997，6：19-26.

[248] 蔡强国，王贵平，陈永宗. 黄土高原小流域侵蚀产沙过程与模拟[M]. 北京：科学出版社，1998.

[249] 姚文艺，汤立群. 水力侵蚀产沙过程及模拟[M]. 郑州：黄河水力出版社，2001.

[250] 杨具瑞. 小流域侵蚀产沙特性研究[D]. 四川大学博士学位论文，2003，4.

[251] Wood E. F. ,Hebson C. S. On Hydrologic similarity 1 Derivation of the dimensionless flood frequency curve[J]. Water Resour Res. , 1986,22(11)：1549-1554.

[252] 中国水利学会泥沙专业委员会主编. 泥沙手册[M]. 北京：中国环境科学出版社，1992.

[253] 朱芮芮，李兰，王浩，等，降水量的空间变异性和空间插值方法的比较研究[J]. 中国农村水利水电，2004，7：25-28.

[254] Goovaerts P. Oeostatistics for natural resources evaluation

[R]. New York: Oxford Universitv Press,1997.

[255] Asli M, Marcotte D. Comparison of approaches to spatial estimation in a bivariate cntext[J]. Math. Geol. 1995,27(5): 641-658.

[256] 赵人俊,王佩兰.霍顿与菲利蒲下渗公式对子洲径流站资料的拟合[J].人民黄河,1982,1: 1-8.

[257] 舒安平.水流挟沙力公式的验证与评述[J]. 人民黄河,1993(1): 11-13,65.

[258] 陈雪峰,陈立,李义天.高、中、低浓度挟沙水流挟沙力公式的对比分析[J].武汉水利电力大学学报,1999 (5): 2-6.

[259] 段红东,何松华,朱辰华.河流输沙力学[M].郑州: 黄河水利出版社,2001.

[260] Govers G,Rauws G. Transporting capacity of overland flow on plane and on irregular beds[J]. Earth Surface Processes and landforms, 1986,11: 515-524.

[261] Govers Gerard. Evaluation of transporting capacity formulae for overland flow[M]. London,UCL press limited,1992: 243-273.

[262] Foster G R. Modeling the erosion process[A]. Hydrologic Modeling of Small Watersheds[C]. Haan C T,ed. USA: ASAE Monograph,1982: 297-379.

[263] 刘青泉,李家春,陈力,等. 坡面流及土壤侵蚀动力学(Ⅱ)——土壤侵蚀[J].力学进展,2004,34(4): 493-506.

[264] 吴普特.地表坡度对雨滴溅蚀的影响[J].水土保持通报,1991,11(3): 8-13,28.

[265] 江善忠.黄土地区天然降雨特性研究[J].中国水土保持,1983(3): 32-36.

[266] 韦红波,李锐,杨勤科.我国植被水土保持功能研究进展[J].植物生态学报,2002,26 (4): 489-490.

[267] 池宸星.黄土高原典型流域产汇流特性变化研究[D].河海大学硕士毕业论文,2005.

[268] 汤立群,陈国祥.坡面土壤侵蚀公式的建立及其在流域产沙计算中的应用[J].水科学进展,1994,52: 104-110.

[269] 何小武,张光辉,刘宝元.坡面薄层水流的土壤分离实验研究[J].农业工程学报,2003,19(6): 52-55.

[270] 雷俊山,杨勤科.坡面薄层水流侵蚀试验研究及土壤抗冲性评价[J].泥沙研究,2004(6): 22-26.

[271] 李鹏,李占斌,郑良勇,鲁克新. 坡面径流侵蚀产沙动力机制比较研究[J]. 水土保持学报,2005,19(3):66-69.

[272] 朱同新. 黄土重力侵蚀发生的内部条件及地貌临界分析[A]. 黄河粗泥沙来源及侵蚀产沙机理研究文集[C]. 北京:气象出版社,1988:110-111.

[273] 朱同新,蔡强国,张勋昌. 王家沟流域重力侵蚀的时空分布规律[A]. 晋西黄土高原土壤侵蚀规律实验研究论文集[C]. 北京:水利水电出版社,1990:116-125.

[274] 张翼. 黄土高原丘陵沟壑区土壤侵蚀研究[J]. 水土保持研究,2000,7(2):39-47.

[275] 陈浩. 降雨特征和上方汇水对产沙的综合影响[J]. 水土保持学报,1992,6(2):17-23.

[276] 郑粉莉,唐克丽,白云英,等. 子午岭林区不同地形部位开垦裸露地降雨侵蚀力的研究[J]. 水土保持学报,1994,8(1):26-32.

[277] 杨涛. 基于GIS的黄土沟壑区两种尺度产流产沙数学模型研究与应用[D]. 南京师范大学,2006,4.